Helga Kromp-Kolb
Herbert Formayer

+2 Grad

Warum wir uns für
die Rettung der Welt
erwärmen sollten

Helga Kromp-Kolb
Herbert Formayer

+2 Grad

Warum wir uns für
die Rettung der Welt
erwärmen sollten

MOLDEN

INHALT

01

ZUM AUFTAKT,
ODER WAS VORAB GESAGT
WERDEN MUSS

Skeptiker sagten lange, es gäbe keinen Klimawandel – mittlerweile ist aber weltweit anerkannt, dass es ihn gibt. Manche glauben allerdings immer noch, dass er zeitlich weit weg sei und dass er andere betreffe, nicht sie selbst. Mit zunehmenden Extremereignissen auf der ganzen Welt wächst die Erkenntnis, dass er doch schon im Gange ist. Auch in Österreich haben die extremen Wetterereignisse – Hitzeperioden, Dürren, Überschwemmungen, Spätfröste – viele bis dahin skeptische Menschen überzeugt, dass auch unsere vermeintliche „Insel der Seligen" vom Klimawandel betroffen ist. Jetzt hoffen viele, dass neue Technologien, insbesondere erneuerbare Energien und Energieeffizienzmaßnahmen, helfen werden, den Klimawandel zu stoppen. Zunehmend aber wird klar, dass technologischer Fortschritt allein den Klimawandel nicht in ausreichendem Maß und schnell genug bremsen kann. In Österreich wächst der Energieverbrauch rascher als erneuerbare Energien dazukommen; das heißt, dass der Anteil der erneuerbaren Energien am Gesamtverbrauch derzeit sogar sinkt, nicht steigt. Die technologischen Veränderungen greifen auch stark in bestehende Strukturen und in die Gesellschaft ein.

Oft heißt es, der Markt werde diese Probleme regeln. Die österreichische Klima- und Energiestrategie ist eine Kombination aus Technologie- und Marktgläubigkeit, gepaart mit der Übertragung von Verantwortung an Privatpersonen. Aber die Märkte im neoliberalen Wirtschaftssystem schützen nachgewiesenermaßen Gemeinschaftseigentum wie das Klima (sogenannte Allmende) nicht und führen zu keiner gerechten Verteilung der Lasten. Änderungen im Lebensstil der Einzelnen sind zweifellos wichtig und notwendig, aber auch dafür müssen Hemmnisse aus dem Weg geräumt und Anreizsysteme geschaffen werden. Obwohl die Politik regelmäßig Österreich zum „Klimamusterschüler" stilisiert, haben wir hier noch Nachholbedarf. Ohne staatliche Eingriffe, deren Ziele international abgestimmt sind, besteht die Gefahr, dass es zu spät wird und das Klima nicht zu stabilisieren ist. Dann bliebe nur mehr Anpassung, aber diese ist nur bis zu einem gewissen Grad möglich. Das Pariser Klimaabkommen ist ein Versuch, die notwendigen staatlichen Eingriffe zu beschleunigen.

Der Aufbau des vorliegenden Buchs orientiert sich an dieser Entwicklung: Zuerst wird gezeigt, dass es den Klimawandel gibt, und zwar hier bei uns in Österreich, mit Folgen, die für jeden schon jetzt sichtbar sind. Aber wie viel Klimawandel ist verkraftbar? Wann wird er gefährlich? Dieser Frage widmet sich das dritte Kapitel, bevor das vierte, wieder stark auf Österreich fokussiert, mögliche zukünftige Klimaentwicklungen aufzeigt. Die grundsätzlichen Reaktionsmöglichkeiten – Emissionen senken, an die Änderungen anpassen oder großtechnologische Maßnahmen setzen, die in das Klimasystem eingreifen – werden in Kapitel fünf behandelt. Die internationalen Bemühungen, den Klimawandel einzudämmen, werden im sechsten Kapitel beschrieben, bevor im darauffolgenden Kapitel sieben abermals auf die österreichische Situation eingegangen wird. Dabei zeigt sich, dass wir im Klimaschutz nicht das Musterland sind, für das wir uns so gerne halten.

Die nächsten beiden Kapitel betten den Klimawandel in die Nachhaltigen Entwicklungsziele der UNO ein. Diese wurden 2015 beschlossen und gelten als Vision von einem „guten Leben für alle" innerhalb der ökologischen Grenzen unseres Planeten. Das achte Kapitel erläutert zunächst die ökologischen Grenzen und warum sie wichtig geworden sind, während das neunte darauf eingeht, warum das derzeitige Wirtschafts- und Finanzsystem ungeeignet ist, das Problem Klimawandel zu lösen. Geeignetere Ansätze werden beschrieben. Ein wichtiger Punkt dieses Buches ist es, auch positive Initiativen anzuführen und bewusst zu machen, dass jeder seinen Beitrag zur Rettung unseres Planeten leisten kann – und sei er auch scheinbar noch so klein. Dass es schon viele Menschen aus unterschiedlichen Fachgebieten, Gesellschaftsschichten und Kulturkreisen gibt, die sich um Lösungen bemühen, wird in Kapitel zehn klar und schließlich ermutigt Kapitel elf, selber aktiv zu werden. Denn, wenn die nachfolgenden Generationen fragen: „Was habt ihr gewusst? Was habt ihr getan?", soll jeder guten Gewissens eine befriedigende Antwort geben können.

Ein Blick
über den Tellerrand

In einem Buch, das man gerne zur Hand nimmt, das nicht zu schwer in der Hand liegt und nicht so umfangreich ist, dass man befürchtet, das Ende nie zu erreichen, muss vieles ungesagt bleiben. Das war für uns schmerzlich, denn es gäbe so viel, was wir Ihnen auch noch sagen wollten – so vieles, das Sie mit Recht einfordern könnten. Wir hoffen aber, dass Ihnen dieses Buch dennoch ein einigermaßen rundes Bild vom Klimawandel und seinem Antlitz in Österreich gibt. Wir sind dabei weit über das hinausgegangen, was Meteorologen und Klimatologen als ihren eigentlichen Fachbereich betrachten. Wir sprechen über Wirtschaft und Finanzen, über Demokratie und Politik. Wenn man den Klimawandel nicht nur als Forschungsgegenstand betrachtet, sondern die Forschungsergebnisse als Aufforderung, an Lösungen mitzuarbeiten, versteht und daraus Verantwortung ableitet, kann man nicht bei der Berechnung von Temperaturänderungen haltmachen. Dann muss man sich über die Auswirkungen Gedanken machen und über die tiefer liegenden Ursachen für das Nichthandeln der Politik und der Gesellschaft.

Wir beschäftigen uns nun bereits seit Jahren auch mit der nationalen und internationalen Politik und den Treibern dieser. Wir haben in diesem Buch unser Verständnis der Zusammenhänge dargelegt. Es wird nicht ungeteilte Zustimmung finden. Das ist auch nicht zu erwarten, weil es dem Weltbild des neoliberalen Denkens diametral widerspricht. Aber wir sind mit unserem Verständnis keineswegs allein. Gerade die moderneren, realitätsnäheren Wirtschaftswissenschaftler, vor allem aber die Praktiker, sehen die Zusammenhänge ganz ähnlich wie wir. Vielleicht werden Sie es auch als befreiend erleben, sich von den scheinbaren Zwängen eines idealisierten Marktes zu lösen und wieder an die Menschen, nicht an Sachzwänge, zu glauben.

Während wir dieses Buch geschrieben haben, ist die Welt unsicherer geworden, ein Nuklearkrieg weniger unwahrscheinlich, die Demokratie in vielen Ländern brüchiger. Das macht aber das Thema nicht weniger wichtig – im Gegenteil. Der Klimawandel verschärft bestehende Probleme und schafft zusätzliche. Je schwieriger das Leben, ja, das Überleben, desto offener sind die Menschen für Populismus und autoritäre Führung. Nur noch 36 Prozent der jungen US-Amerikaner und Europäer halten es für wichtig, in einer Demokratie zu leben! Seit Jahrzehnten stagnierender Lebensstandard, Identitätskrisen als Folge der Globalisierung und die Verstärkung der eigenen Sichtweisen durch die sozialen Medien zählen zu den Ursachen. Aber noch ist Kritik an den Zuständen und den Regierungen, noch sind abweichende Meinungen zulässig.

Die Nachhaltigen Entwicklungsziele der UNO sind eine Möglichkeit, dem Populismus etwas entgegenzusetzen, ein gemeinsames Ziel über Nationen, über gesellschaftliche Schichten hinweg zu finden; etwas Positives, für das man gemeinsam kämpfen kann. Der Kampf gegen den Klimawandel ist ein integraler Teil davon. Dieses Buch soll Mut machen, sich an diesem Kampf zu beteiligen. Denn noch ist es nicht zu spät dafür, auch wenn uns das viele einreden wollen.

02

SCHNEEGLÖCKERLN BLÜHEN IM JÄNNER

**Gibt es den Klimawandel
und gibt es ihn bei uns?**

/

**Was sind typische Auswirkungen
des Klimawandels?**

/

**Sind alle Veränderungen des Wetters
und Extremereignisse auf den
Klimawandel zurückzuführen?**

Wann wird's mal wieder
richtig Winter?

Menschen, die viel in der Natur unterwegs sind oder beruflich mit der Natur zu tun haben, wie zum Beispiel Landwirte, bemerken, dass sich in den letzten Jahren etwas verändert hat. Meist können sie gar nicht genau sagen, worin der Unterschied besteht. Manchmal täuscht uns auch unser Gedächtnis. Das Erinnerungsvermögen an außergewöhnliche Wettererscheinungen ist sehr kurz. Kaum jemand kann sich noch an das Wetter vom Sommer vor drei Jahren erinnern. Bei Extremereignissen neigen wir dazu, aktuelle Ereignisse als zu extrem wahrzunehmen, was durch die Medien noch verstärkt wird. „Seit Menschengedenken" ist daher in Realität ein recht kurzer Zeitraum von einigen Jahrzehnten. Aber unabhängig von unseren Erinnerungen hat der Klimawandel speziell der letzten Jahrzehnte bereits klare Auswirkungen in der Natur und in unserem Alltag.

Seit den 1970er-Jahren ist die Temperatur sehr stark angestiegen (siehe Abbildung 2-1). Dieser Anstieg beträgt global rund 0,5 Grad und im Alpenraum etwa 1,5 Grad. Diese Erwärmung ist durch viele Messungen belegt und Auswirkungen, die darauf zurückzuführen sind, real. Nun wirken 1,5 Grad Erwärmung nicht sehr aufregend, da wir aus unserem alltäglichen Leben deutlich stärkere Temperaturschwankungen kennen. Bei einem Schlechtwettereinbruch kann die Temperatur von einem Tag auf den anderen um gut 10 Grad absinken, und selbst wenn wir im Garten von einem sonnigen Bereich in einen schattigen wechseln, kann der Temperaturunterschied mehrere Grad betragen. Warum also diese Aufregung?

Der Grund ist, dass wir hier von einer Veränderung eines langjährigen Mittelwertes sprechen und mittlere Werte unterliegen deutlich geringeren Schwankungen als jene von Tag zu Tag. Abbildung 2-1 zeigt, dass der Unterschied zwischen dem wärmsten und dem kältesten Jahr in Österreich (in den 250 Jahren, seit es Messungen gibt) gerade einmal 4 Grad betrug. Im Gebirge kennt man auch die Abnahme der Temperatur mit der Seehöhe. Diese beträgt im Jahresmittel etwa 0,6 Grad pro 100 Höhenmeter. Daher entspricht der Temperaturanstieg von 1,5 °C in den letzten Dekaden einer Verschiebung der mittleren Temperaturverhältnisse um rund 250 Höhenmeter im Alpenraum. Dies wirkt sich auf temperaturabhängige Prozesse wie Schneedeckenaufbau oder die klimatische Eignung für Pflanzen und ganze Ökosysteme aus. Dies sind die Auswirkungen, die wir auch mit unseren Sinnen wahrnehmen können.

↓ **Abbildung 2-1:** Verlauf der Abweichung der österreichischen Mitteltemperatur bezogen auf das Mittel von 1901 bis 2000. Die Erwärmung der letzten 150 Jahre ist in Österreich deutlich stärker ausgeprägt als im globalen Mittel. Dies liegt daran, dass regionale Temperaturanomalien stärker sein können als globale. Zudem war zur Mitte des 19. Jahrhunderts in Mitteleuropa eine besonders kühle Phase vorherrschend. [2]

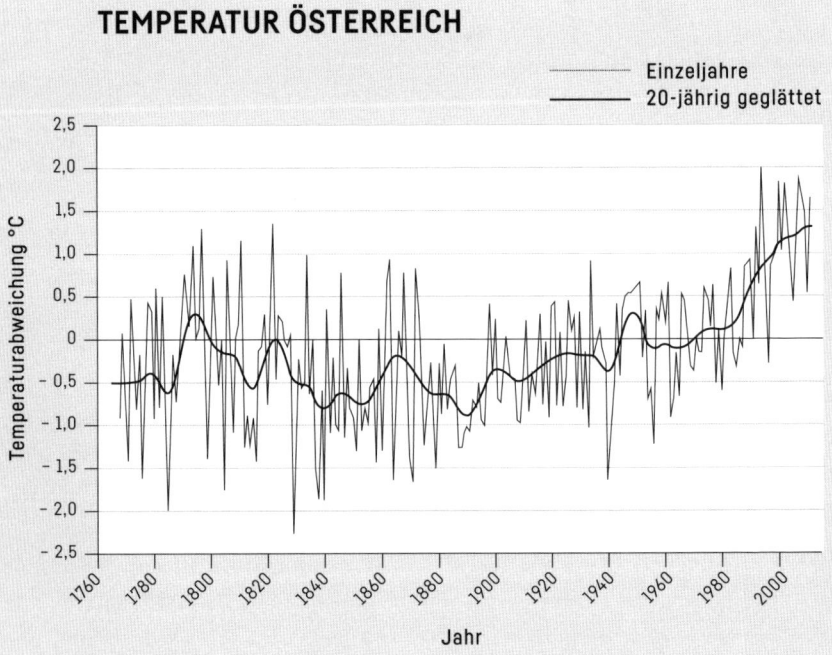

Vielen Menschen fällt auf, dass sich die Jahreszeiten nicht mehr so verhalten, wie man es von früher gewohnt war beziehungsweise wie man glaubt, dass es sein sollte. Im Winter bildet sich im Flachland und in den alpinen Tallagen häufig keine geschlossene Schneedecke mehr aus. Im Frühjahr beginnt die Vegetation deutlich früher mit dem Wachstum. Oft kommt es schon im April, spätestens im Mai, zu ersten Hitzewellen, bei denen sogar Temperaturen um 30 Grad erreicht werden. Starke Hitzebelastungen während mehrerer Tage, die es früher nur während der „Hundstage" zwischen Mitte Juli und Mitte August gab, beginnen bereits im Juni, dauern oft bis in den September hinein und treten immer häufiger auf. Am Jahresende konnte man zuletzt häufig beobachten, dass die ersten starken Fröste erst im Dezember auftreten und damit die Vegetationsperiode bis weit in den Advent hinein reicht. Bei den Wiener Adventmärkten konnte man neben den Punschhütten noch den grünen Rasen sehen.

All diese Veränderungen hängen mit der globalen Erwärmung zusammen. Die Temperaturänderungen von Monat zu Monat in den Übergangsjahreszeiten im Frühjahr und Herbst betragen etwa 4 bis 5 Grad. Im Sommer und Winter sind sie deutlich geringer: Der Jänner ist etwa um 1,5 Grad kälter als der Dezember und der Juli und August sind um etwa 2 Grad wärmer als der Juni. Die Erwärmung von 1,5 Grad entspricht damit in den Übergangsjahreszeiten etwa einer zeitlichen Verlagerung im Jahresgang von zehn Tagen, während die heutigen Jänner so warm wie früher die Dezember und die Junis beinahe so warm wir früher die heißesten Monate des Jahres sind.

Die Verschiebung der Jahreszeiten kann auch objektiv durch Messungen belegt werden. Von der Zentralanstalt für Meteorologie und Geodynamik (ZAMG) werden systematisch sogenannte „phänologische" Beobachtungen gesammelt. Dabei werden spezifische Pflanzenstadien (z. B. Austrieb, Blühbeginn, Fruchtreife) beobachtet und das Datum des Auftretens aufgezeichnet. Die Apfelblüte etwa setzt heute im Mittel circa zwei Wochen früher ein als noch vor 40 Jahren. Damit hat sich der Beginn der Apfelblüte von der zweiten Aprilhälfte in die erste Aprilhälfte verlagert. Dies war auch eine Mitursache für die schweren Frostschäden, die es in Österreich in den Jahren 2016 und 2017 gab. Ungewöhnlich warme

Temperaturen im März und Anfang April führten zu einem frühen Vegetationsbeginn bei vielen Obstkulturen und auch bei Wein. Bei Kaltlufteinbrüchen jeweils um den 20. April traten dann Tiefsttemperaturen bis zu minus 5 Grad auf und verursachten große Schäden. Zwar kommen derart tiefe Temperaturen zu dieser Zeit im Jahr aufgrund der Erwärmung deutlich seltener vor, jedoch ist die Verschiebung des Vegetationsbeginns stärker ausgeprägt. In diesen beiden Jahren handelte es sich auch um das Zusammentreffen zweier seltener Ereignisse, nämlich früher Vegetationsbeginn und schwerer Frost in der zweiten Aprilhälfte. Wie sich das Spätfrostrisiko verändert, kann daher nicht generell gesagt werden, sondern hängt von der Obstkultur und dem jeweiligen Standort ab.

↓ **Abbildung 2-2:** Entwicklung der Apfelblüte in Österreich. Seit Mitte der 1980er-Jahre tritt die Apfelblüte in Österreich immer früher auf und die Verschiebung beträgt nun bereits rund zwei Wochen. [3]

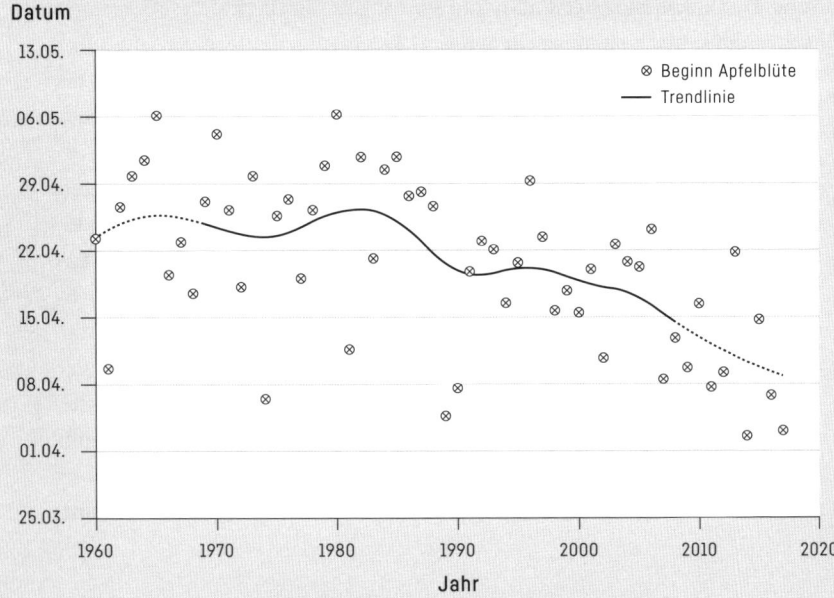

Wenn es wärmer wird,
ist das ja gut, oder nicht?

Besonders stark ausgeprägt ist die Erwärmung in Mitteleuropa im Frühling und Sommer. Speziell im Mai und Juni beträgt die Erwärmung bereits 2 Grad im Vergleich zu den 1970er-Jahren. Neben dem Effekt der globalen Erwärmung durch die Treibhausgase dürfte hier auch noch ein regionaler Effekt, nämlich Schadstoffe in der Luft, sogenannte Aerosole, eine Rolle spielen. In den 1970er- und Anfang der 1980er-Jahre wurden in Nordamerika und Europa große Mengen an Schwefeldioxid durch die Verbrennung von nicht entschwefeltem Öl und Kohle und an Stickoxiden in Autoabgasen freigesetzt. Das Schwefeldioxid war nicht nur für den „sauren Regen" und das damit einhergehende „Waldsterben" verantwortlich, sondern auch für die Abschwächung der Sonneneinstrahlung, da Schwefeldioxid in der Luft in Sulfat umgewandelt wird und dieses die Sonnenstrahlung reflektiert. Ähnlich entstanden aus Stickoxiden strahlungswirksame Nitrate. Dies konnte auch mittels Messungen weltweit nachgewiesen werden und wurde unter dem Begriff „global dimming" („globale Dämmerung") bekannt. Durch die Entschwefelung von Öl und der Abgase von Kohlewerken und die Einführung der Katalysatoren für Autos konnten die Emissionen im amerikanisch-europäischen Raum bis in die 1990er-Jahre drastisch reduziert werden. Da die Sulfat- und Nitrat-Aerosole durch Regen aus der Atmosphäre ausgewaschen werden, sind auch die Konzentrationen sofort stark gesunken. Dies führte einerseits zum Rückgang des Waldsterbens, andererseits auch zu einem Anstieg der Sonneneinstrahlung. Derzeit ist die Sonneneinstrahlung in Österreich um rund 10 Prozent höher als in den 1970er-Jahren. Dieser Anstieg ist eine Summenwirkung aus dem häufigeren Auftreten von stabilen Schönwetterlagen im Frühsommer und der Reduktion der Schwefeldioxidemissionen. Damit ist aber auch die Hitzebelastung stark gestiegen.

Länger anhaltende Schönwetterperioden und wärmere Temperaturen sind für viele Freizeitaktivitäten durchaus positiv. Es bedeutet, dass sowohl die Gastgärten als auch die Bäder früher den Betrieb aufnehmen. Auch die

Wandersaison im Gebirge im Herbst profitiert davon. Dennoch haben auch Hitzewellen ihre Schattenseiten. Erstmals augenfällig wurde dies im Sommer 2003. Dieser sogenannte „Jahrtausendsommer" brachte in ganz Europa ungewöhnlich lang anhaltende Schönwetterperioden. Das Zentrum dieses Hitzesommers lag in Frankreich. Dort traten auch außergewöhnlich hohe Temperaturen auf und verbreitet wurden neue Hitzerekorde erreicht. Schätzungen gehen davon aus, dass einige Zehntausend Personen an den direkten Folgen der Hitze und teilweise durch eine kombinierte Wirkung mit hohen Ozonkonzentrationen gestorben sind. Die meisten davon in Frankreich, aber auch in Italien und in Mitteleuropa konnten Todesfälle nachgewiesen werden.

In Österreich war 2003 auch außergewöhnlich. Erstmals wurden mehr als 40 Hitzetage, das sind Tage mit einem Temperaturmaximum von mehr als 30 °C, erreicht. Davor lagen die Maxima bei knapp 30 Hitzetagen. Betrachtet man die Entwicklung der Hitzetage pro Jahr seit Beginn des 20. Jahrhunderts an der Station Wien Hohe Warte (siehe Abbildung 2-3), so sieht man, dass in der ersten Hälfte des 20. Jahrhunderts in einem heißen Jahr etwa zehn Hitzetage erreicht wurden und häufig Jahre ohne einen einzigen Hitzetag vorgekommen sind. Danach stieg die Anzahl an Hitzetagen sukzessive an und erreichte 2003 einen ersten Höhepunkt. Seither steigt die mittlere Häufigkeit weiter an (siehe Linie in Abbildung 2-3) und auch der Extremwert aus dem „Jahrtausendsommer" 2003 wurde 2015, 2017 und 2018 beinahe erreicht beziehungsweise sogar überschritten.

Besonders belastend ist Hitze in städtischen Gebieten. Zwar sind in den Städten die Temperaturmaxima nicht oder kaum höher als in ländlichen Regionen, durch die Verbauung wird jedoch die nächtliche Abkühlung stark reduziert. Dieser städtische Wärmeinseleffekt führt dazu, dass innerstädtisch die nächtlichen Minimumtemperaturen um bis zu 7 Grad wärmer sind als im Umland. In der Wiener Innenstadt wurde bereits mehrmals eine nächtliche Minimumtemperatur von 25 °C nicht unterschritten und am 2. August 2017 sank das Thermometer nicht unter 26,9 °C. Bei derart hohen Temperaturen kann man die Wohnräume kaum mehr durch nächtliches Lüften abkühlen und die Hitzebelastung hält Tag und Nacht an.

HITZETAGE IN WIEN HOHE WARTE

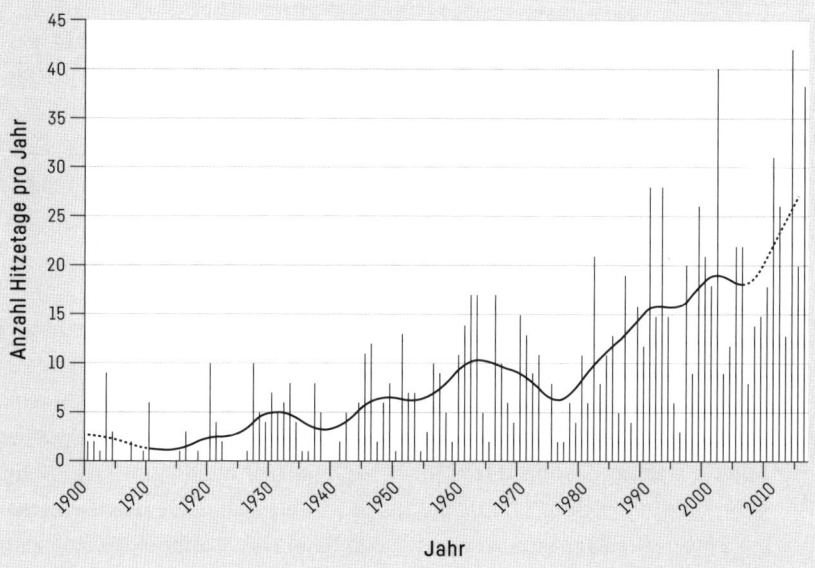

↑ **Abbildung 2-3:** Hitzetage (Temperaturmaximum größer als 30 °C) pro Jahr in Wien seit 1900. Rekordwerte mit 40 Tagen wurden erstmals im Jahrtausendsommer 2003 erreicht, aber auch 2015, 2017 und 2018 kamen ähnlich viele Hitzetage vor. [4]

Die Gletscher schmelzen dahin

Besonders deutlich vor Augen geführt bekommt man den Klimawandel, wenn man im Hochgebirge der Alpen unterwegs ist. Wer regelmäßig in den Gletscherregionen wandert, konnte in den letzten Jahrzehnten den starken Rückgang der alpinen Gletscher und den Zerfall der Gletscherzungen beobachten. Gletscher sind ein gutes Maß für den Klimawandel, weil sie aufgrund ihrer Trägheit nur auf längerfristige Veränderungen reagieren. Ihre Trägheit hängt von der Größe der Gletscher ab: je größer, desto langsamer reagieren sie. Die großen alpinen Gletscher mit einigen zehn Quadratkilometern Eisfläche brauchen mehrere Jahrzehnte, bis sie sich auf veränderte klimatische Verhältnisse eingestellt haben.

Gletscher stellen ein „Förderband" dar, das Winterschnee aus jenen Bereichen des Gletschers, wo der Schnee aus dem Winterhalbjahr im Sommer nicht vollständig abschmilzt (Nährgebiet) und zu Eis wird, in tiefere Lagen transportiert, wo es im Sommer schmilzt (Zehrgebiet). Ein Gletscher ist im Gleichgewicht (die Massenbilanz ist ausgewogen), wenn während des Sommers im Mittel gleich viel Eis schmilzt, wie neuer Schnee im Nährgebiet liegen bleibt. Damit hängt die Entwicklung eines Gletschers nicht nur von der Temperatur ab, sondern auch von den Niederschlagsverhältnissen. Dies erklärt auch die teilweise unterschiedliche Reaktion von Gletschern in bestimmten Regionen der Erde. Im Alpenraum ist der wichtigste Faktor für die Gletscherentwicklung die Temperatur im Sommer während der Abschmelzperiode, und diese hat sich in den letzten Jahrzehnten stark erhöht. Seit Mitte der 1980er-Jahre sind die Massenbilanzen der alpinen Gletscher negativ und das hat die Eisreserven stark reduziert. Dadurch sinkt die Fließgeschwindigkeit der Gletscher und der Nachschub für die Gletscherzungen fehlt. Man kann derzeit von Jahr zu Jahr zusehen, wie die Gletscherzungen zerfallen und wegschmelzen.

Gletscher sind nicht nur ein optischer Aufputz für unsere Alpengipfel. Ihr Rückgang hat auch vielfältige Auswirkungen auf die Natur und uns Menschen. Wo sie sich zurückziehen, bleiben Schotterflächen zurück. Dieses lockere Geröll wird durch Niederschläge mobilisiert und erhöht den Geschiebeanteil (feiner Sand und Steine) im Abfluss. Dies führt zu mehr Materialeintrag in hochalpine Speicherseen und damit zu Mehrkosten für häufigeres Ausbaggern. Bei extremen Starkniederschlägen kann es auch vermehrt zu Murenabgängen kommen.

Ebenso wie die Gletscher verschwinden auch die Permafrostböden. Das sind Böden, die das ganze Jahr über gefroren bleiben. Wenn sie auftauen, führt dies häufig zum Abgang von lockerem Geröll. Es kann aber auch vorkommen, dass das Eis des Permafrostes der einzige Stabilisator für ganze Hänge ist, die dann beim Auftauen instabil werden. Der erhöhte Steinschlag führt bereits zu Behinderungen und Gefährdungen. Zahlreiche klassische Kletter- und Wanderrouten im Alpenraum mussten deswegen schon geschlossen oder umgeleitet werden. Laufende Kontrolle auf lockere Gesteinsmassen hin und deren Entfernung ist kostenintensiv.

Aber nicht nur die Gebiete direkt rund um die Gletscher sind von deren Rückgang betroffen. Gletscher spielen auch eine wesentliche Rolle für die Stabilisierung des Abflussverhaltens alpiner Flüsse. Gletscher geben ihr Wasser überwiegend während hochsommerlicher Hitzewellen frei. Der ganze Jahresniederschlag am Gletscher wird faktisch in diesen wenigen Wochen an die Flüsse abgegeben. Dies findet gerade dann statt, wenn andere Wasserquellen abnehmen oder ganz versiegen. Damit verhindern Gletscher, dass im Sommer der Wasserstand der Flüsse zu stark absinkt. Dies hat vielfältige Auswirkungen auf die Lebewesen im Wasser, aber auch auf die Trinkwasserversorgung, die touristische Nutzung der Flüsse, die Wasserkraftproduktion und für die Bereitstellung von Kühlwasser für industrielle Prozesse sowie kalorischer Kraftwerke.

Im Sommer 2003 konnte man in Tirol ein interessantes Phänomen beobachten: Aufgrund der heißen Temperaturen und des nicht vorhandenen Niederschlags im August trockneten die nördlichen Zubringer des Inns, die aus den nicht vergletscherten Kalkalpen kommen, faktisch ganz aus. Urlauber verwechselten die Bäche teilweise mit Wanderwegen. Die südlichen Zubringer vom vergletscherten Alpenhauptkamm hingegen führten teilweise sogar so viel Wasser wie bei einem Hochwasserereignis, das im Mittel einmal im Jahr erreicht wird. Und dies nur durch das starke Abschmelzen! In Summe führte dies dazu, dass der Inn keinen außergewöhnlich niedrigen Wasserstand aufwies. Dramatischer war die Situation beim Po in Italien. Dort reichte die Gletscherschmelze nicht mehr aus, um einen starken Rückgang der Wasserführung zu verhindern und einige Kraftwerke mussten zu einer Zeit vom Netz genommen werden, als der Strombedarf für Kühlung maximal war. In Frankreich trat ein dramatischer Energieengpass auf, weil das Kühlwasser für die Kohle- und Kernkraftwerke fehlte. Strom musste teuer von Deutschland zugekauft werden.

Die ausgleichende Wirkung der Gletscher auf die Wasserführung alpiner Flüsse kommt überwiegend von den Gletscherzungen. Diese schmelzen aber rasch ab, weil sie sich in Regionen mit höheren Temperaturen befinden. Vom unteren Teil der Gletscherzunge der Pasterze, dem größten Gletscher der Ostalpen, schmelzen zum Beispiel pro Sommer bis zu zehn Meter Eis ab. In zehn bis 20 Jahren werden die Gletscherzungen der Ostalpen verschwunden sein und die Zungen der Westalpen werden bald danach folgen. Das sommerliche Tauwasser bleibt dann aus. Diese gravierende Folge des Gletscherrückgangs im Alpenraum wird eintreten, lange bevor die Gletscher vollkommen verschwunden sind. Dafür braucht es auch kaum mehr einen Temperaturanstieg, nur den Rückzug der Gletscher auf ihr derzeitiges Gleichgewichtsniveau. Die Wirkung der niedrigen Wasserführung im Hochsommer bleibt dabei nicht auf die Alpenregion beschränkt. Durch die großen alpinen Flüsse Donau, Po, Rhein und Rhone sind mehr als 100 Millionen Menschen direkt von den Auswirkungen des alpinen Gletscherrückgangs betroffen, wobei hier die Energie- und Trinkwasserversorgung im Sommer sicherlich die größten Probleme darstellen werden.

Weltweit kann man einen Rückgang der Gletscher beobachten, der sich in den letzten Jahren deutlich beschleunigt hat. Nur wenige Ausnahmen – etwa die Gletscher in Skandinavien – zeigen keinen Rückgang. In diesen Regionen wird ein Anstieg des Niederschlags beobachtet, der den Effekt der Erwärmung kompensieren kann. Mit weiterem Fortschreiten der Erwärmung werden aber auch diese Gletscher zurückgehen.

Nicht jede Migration kann
durch Grenzzäune verhindert werden!

Eine häufig von der Bevölkerung bemerkte Veränderung stellt die Einwanderung neuer Pflanzen und Tierarten bei uns dar. Dabei ist es natürlich nicht neu, dass – beabsichtigt durch Import oder unbeabsichtigt als blinde Passagiere in Frachtcontainern, Lkw, im Ballastwasser von Schiffen oder im Laderaum von Flugzeugen – hier nicht heimische Pflanzen und Tiere zu uns kommen. Durch den Klimawandel gelingt es verschiedenen Arten aber immer häufiger, sich langfristig zu etablieren, weil sie auch die Wintermonate überstehen und sich sukzessive ausbreiten können.

Die wohl bekannteste neu eingewanderte Pflanze ist die Ambrosia, auch als Ragweed bekannt. Diese Pflanze stammt ursprünglich aus Nordamerika und wurde bereits im 19. Jahrhundert durch verunreinigtes Saatgut nach Europa importiert. Da die Ambrosia eine wärmeliebende Pflanze ist, konnte sie sich ursprünglich nur im mediterranen Raum etablieren. Durch die Erwärmung im 20. Jahrhundert und speziell in den letzten Jahrzehnten breitete sie sich von Südosteuropa kommend in Richtung Mitteleuropa aus. Österreich erreichte sie um die Jahrtausendwende und hat inzwischen schon alle Flachlandregionen und auch einige alpine Täler besiedelt. Die Ambrosia bleibt nicht unbemerkt, da viele Menschen durch ihr Vorkommen beeinträchtigt werden: Sie ist eine hoch allergene Pflanze. Aufgrund ihrer Wärmeliebe blüht sie auch sehr spät, meist im August. Damit sind nicht nur viele Menschen betroffen, es geschieht auch zu einer Zeit, in der Pollenallergiker in der Regel bereits das Schlimmste überstanden haben. Dass auch die Bauern sich über dieses neue Unkraut nicht freuen, versteht sich.

Andere bekannte neue Pflanzenarten sind der Riesenbärenklau und die Robinie. Der Riesenbärenklau ist aus dem Kaukasus eingewandert und kam ursprünglich als Zierpflanze zu uns. Diese bis zu drei Meter große Pflanze verursacht bei Hautkontakt verbrennungsähnliche Reizungen und kann besonders für Kinder gefährlich werden. Auch muss bei der Bekämpfung

Hautkontakt unbedingt vermieden und daher Schutzkleidung getragen werden. Die Robinie oder auch falsche Akazie stammt ursprünglich aus Nordamerika und wurde in Europa als Bienenfütterung in Parkanlagen angepflanzt. Durch die Fähigkeit der Robinie, Luftstickstoff zu binden, kann sie sich auf mageren und trockenen Standorten gut etablieren und ganze Wälder bilden. Dies ist aber meist unerwünscht, da in Mitteleuropa viele seltene Arten nur auf diesen Trockenrasenstandorten vorkommen und durch die Robinie verdrängt werden.

Bei den neu zugewanderten Tierarten ist die rote Spanische Wegschnecke am bekanntesten und am unbeliebtesten. Ihr Ursprungsgebiet liegt vermutlich an der Atlantikküste. Durch die wärmer gewordenen Winter in Mitteleuropa konnte sie sich aber auch hier stark ausbreiten und verursacht Gartenliebhabern jedes Jahr Kopfzerbrechen, wie man ihrer Herr werden kann. Auch den Asiatischen Marienkäfer kann man im Garten finden. Diese Marienkäferart wurde ursprünglich als Schädlingsbekämpfer in Glashäusern eingesetzt und hat sich von dort aus verbreitet. Er ist durch seine hohe Geburtenrate und Gefräßigkeit nicht nur für die heimischen Marienkäferarten eine Gefahr, sondern auch für Schweb- und Florfliegenarten. In Österreich wurde der Asiatische Marienkäfer erstmals 2006 im Freiland nachgewiesen; inzwischen ist er schon einer der häufigsten Käferarten überhaupt geworden.

Besonders bei den Insekten gibt es eine Vielzahl an Arten, die durch die Erwärmung bei uns heimisch geworden sind. Diese Arten wandern einerseits aus dem südosteuropäischen Raum ein, wo sie an heiße trockene Sommer angepasst sind, andererseits auch aus den Atlantischen Küstenregionen. Diese Arten wiederum profitieren von den wärmer gewordenen Wintern. Am bekanntesten ist sicherlich die Verbreitung der Gottesanbeterin. Diese bis zu 7,5 cm große Fangschrecke stammt ursprünglich aus Afrika und hat sich über den Mittelmeerraum und Südosteuropa bis in die wärmsten Regionen Mitteleuropas ausgebreitet. Auch die Dornfingerspinne erlangte eine gewisse Berühmtheit, da sie eine der wenigen Spinnenarten ist, deren Biss durch die menschliche Haut geht und dadurch Schmerzen verursachen kann.

Problematischer als diese beiden Arten ist die Ausbreitung diverser Stechmückenarten und des Maiswurzelbohrers. Einige Stechmücken sind in der Lage, gefährliche Krankheiten zu übertragen. Am bekanntesten ist die asiatische Tigermücke, aber auch Sandmücken spielen hierbei eine Rolle. Durch die gute medizinische Versorgung in Mitteleuropa ist jedoch die Gefahr, die von diesen Mückenarten ausgeht, deutlich geringer als in ihren Ursprungsgebieten. Für die Verbreitung der meist viralen oder bakteriellen Erkrankungen müssen Mücken mit dem infizierten Blut erkrankter Wirtstiere beziehungsweise erkrankter Menschen in Kontakt kommen. Diese werden bei uns jedoch sofort behandelt und bei Bedarf auch isoliert, wodurch eine Verbreitung unterbunden wird.

Der Maiswurzelbohrer wurde im Rahmen des Balkankrieges in den 1990er-Jahren durch US-Militärmaschinen nach Serbien eingeschleppt und seither verbreitet er sich von dort Richtung Mitteleuropa. In Österreich wurde er erstmals im Jahr 2002 nachgewiesen. Die Larven des Maiswurzelbohrers fressen die Wurzeln der Maispflanze und können große Schäden anrichten. Besonders anfällig sind hierbei Maismonokulturen, wenn über mehrere Jahre hinweg auf denselben Flächen ausschließlich Mais angebaut wird.

Die Rückkehr der großen Säugetiere in den Alpenraum wie Bär, Wolf, Luchs und Biber hat hingegen nichts mit dem beobachteten Klimawandel zu tun. Diese profitieren einerseits von aktiven Wiederansiedelungsversuchen, andererseits von der Extensivierung der Landwirtschaft in vielen Gebirgsregionen der Alpen.

Neben dem Zuzug neuer Tier- und Pflanzenarten beobachten wir auch ein geändertes Verhalten heimischer Arten. Die Verschiebung der phänologischen Phasen bei den Pflanzen wurde schon am Beispiel der Apfelblüte aufgezeigt (siehe Abbildung 2-2). Aber auch Tiere sind von den Veränderungen betroffen. Am besten beobachtet ist das Verhalten der Zugvögel. Immer häufiger kommt es vor, dass Zugvögel nicht mehr oder nicht mehr so weit in den Süden ziehen wie in der Vergangenheit. Immer mehr Amseln und Stare überwintern in Mitteleuropa. Auch Kraniche warten häufig die

Witterungsentwicklung des Winters ab und machen sich nur bei sehr kalten Temperaturen auf den Weg.

Neben den Zugvögeln gibt es auch andere Tiere, die ihr Winterverhalten verändern. Bei einigen Tierarten, die in einen Winterschlaf oder in die Winterruhe fallen, konnte in den letzten Jahren eine Tendenz zu einem kürzeren Winterschlaf beobachtet werden, und die Winterruhe wurde bei längeren Warmphasen im Winter öfter unterbrochen als früher. Auch bei Tieren, die einen Farbwechsel bei ihrem Fell vornehmen, wie etwa Schneehasen, verschiedenen Wieselarten und dem Polarfuchs, wird bei Populationen, die in nun schneelosen Regionen leben, die Weißfärbung im Winter seltener.

Verändert sich das Wetter
oder nehmen wir es nur anders wahr?

Viel wird auch über die Veränderung des Witterungscharakters gesprochen und in den Medien geschrieben. Gerne wird dann von Wetterkapriolen und von den schlimmsten Ereignissen seit „Menschengedenken" geschrieben. Liegt dies wirklich am Klimawandel oder liegt es auch in der menschlichen Natur, dass gerade erlebte Naturereignisse als besonders dramatisch dargestellt werden? Natürlich spielen unsere kommerzialisierte Medienlandschaft und auch die Dynamik der sozialen Medien eine Rolle: Je dramatischer ein Ereignis dargestellt werden kann, umso höher ist der „Nachrichtenwert". Die sozialen Medien wiederum erlauben es der ganzen Welt, „live" dabei zu sein, wenn irgendwo auf der Erde ein Mensch mit einem Smartphone von einem Naturphänomen, sei es ein tropischer Wirbelsturm auf den Philippinen, ein Sandsturm in der Sahara oder einfach der „Salzburger Schnürlregen", beeindruckt ist und dieses via Twitter oder Facebook mit der ganzen Welt teilt. Diese Entwicklung hat durchaus auch positive Auswirkungen. Durch die flächige Verfügbarkeit von hochauflösenden Kameras in Smartphones und die Bereitstellung der Bilder im „World Wide Web" werden viel mehr Naturphänomene zeitlich und räumlich korrekt dokumentiert und gespeichert. Dies gilt besonders für kleinräumige und kurzfristige Ereignisse wie etwa Tornados.

Man kann aber auch anhand objektiver Messungen feststellen, dass gewisse Entwicklungen und Ereignisse wirklich sehr außergewöhnlich sind und teilweise das erste Mal auftreten, seit es die zivilisierte Menschheit gibt. Beispiele dafür sind warme Temperaturextreme. Das derzeitige globale Temperaturniveau wurde höchstwahrscheinlich während er letzten 5.000 Jahre nicht erreicht. Bei Niederschlagsanomalien wird eine Einordnung schon schwieriger. Von großflächigen Hochwasserereignissen, bei denen die großen Flüsse wie der Rhein oder die Donau aus den Ufern treten, wissen wir aus historischen Analysen, dass sehr große Ereignisse mit einer Wiederkehrwahrscheinlichkeit von tausend Jahren oder mehr vorgekommen sind. Ob und wenn ja, in welche Richtung sich derartig seltene Ereignisse durch den Klimawandel verändern, kann man derzeit noch nicht abschätzen. Dazu ist die Erwärmungsphase einfach noch zu kurz. Bei kleinräumigen, kurzfristigen Starkniederschlägen, also starken Gewittern, hingegen muss man von einer Zunahme der Niederschlagsintensität ausgehen. Dies liegt daran, dass bei Gewittern der Wasserdampf, der lokal in der Atmosphäre ist, zum Abregnen gebracht wird. Die Luft kann bei höheren Temperaturen mehr Wasserdampf enthalten. Wer jemals in Italien oder gar in den Tropen in einen Gewitterregen gekommen ist, kann dieses physikalische Gesetz sicherlich durch eigene Erfahrung bestätigen.

Ein weiteres Phänomen kann und wird zu einer Veränderung der Witterungsabläufe in den mittleren und hohen Breiten der Nordhalbkugel führen: Dies ist der starke Verlust an arktischem Meereis, den wir in den letzten dreißig Jahren beobachten mussten. Dieser beträgt seit 1980 rund 15 Prozent während des Wintermaximums im März und beinahe 50 Prozent während des Minimums im September. Dabei geht es um Eisflächen von der Ausdehnung von mehreren Millionen Quadratkilometern. Diese Umwandlung von eisbedecktem Meer in eisfreie Wasserflächen spielt eine wesentliche Rolle im Klimasystem. Während des Sommerhalbjahres wird auf den eisfreien Wasserflächen viel mehr Sonnenstrahlung aufgenommen und in Wärme umgesetzt als auf den eisbedeckten Gebieten. Im Winterhalbjahr geben diese eisfreien Flächen wiederum diese Wärme an die Atmosphäre ab. Diese sich verändernden räumlichen Wärmequellen wirken sich auf die Lage und Beständigkeit der großräumigen Hoch- und Tiefdruckgebiete aus. Diese Hochs und Tiefs steuern aber den Wetterablauf der ganzen mittleren und hohen Breiten und damit auch das Wetter bei uns in Mitteleuropa. Derzeit sind die Untersuchungen, wie sich der arktische Meereisabbau auf die Witterung auswirkt, erst in den Anfangsstadien und die Ergebnisse sind noch nicht gut abgesichert. Es könnte jedoch sein, dass wir durch den Eisverlust zukünftig mit länger anhaltend gleichem Wetter zu tun haben werden. Eine derartige Entwicklung würde sich auf die Häufigkeit von Extremereignissen auswirken, da die Schwankungsbreite des Wetters zunehmen würde. Dass sich der Eisverlust auf den Witterungsverlauf auf der Nordhemisphäre auswirken wird, ist sicher, nur wissen wir noch nicht genau wie.

Durch die Erwärmung treten auch Veränderungen ein, mit denen wir im Allgemeinen gar nicht rechnen oder an die wir vor einigen Jahren noch gar nicht gedacht haben. Ein Beispiel dafür ist der weltweite Saatguttresor im arktischen Svalbard. Dieses Samenlager wurde im Jahr 2008 angelegt, um die Biodiversität der Erde sicherzustellen. Für das Lager wurden 200 Meter lange Stollen in den Permafrostboden von Svalbard gebohrt, in denen bis zu 4,5 Millionen Samenproben bei konstant niedrigen Temperaturen sicher gelagert werden können. In diesem Lager sollen sie vor Naturkatastrophen oder Kriegen geschützt werden, um bei Bedarf die genetische Vielfalt der Erde wiederherstellen zu können. Ende 2016 kam es in Svalbard zu einer ungewöhnlich warmen Wetterphase, die im Bereich der Stollen zu Schmelzwasserbildung führte. Derartige Prozesse waren bei der Planung der Anlage nicht berücksichtigt worden, weil es diese davor so nicht gegeben hat. Daher musste die Anlage mit Wasserpumpen und wasserdichten Schutzwänden nachgerüstet werden.

Ein weiteres Beispiel für Veränderungen, an die man nicht sofort denkt, wenn man von Erwärmung spricht, sind die Probleme beim Schutz von Kulturgütern in historischen Gebäuden. Durch die Erwärmung und den höheren absoluten Wasserdampfgehalt in der Atmosphäre ändert sich auch das Innenraumklima alter Kirchen, Klöster und Schlösser. Ein stabiles Innenraumklima mit möglichst konstanter Temperatur und Luftfeuchte ist aber essenziell für den Schutz der Mauerfresken, Gemälde, Textilien, Bücher und Skulpturen. Erste Untersuchungen haben gezeigt, dass speziell im Mittelmeerraum und in Mitteleuropa mit einem Anstieg der Schimmelbildung aufgrund des steigenden Wasserdampfgehaltes in der Luft gerechnet werden muss. Lösungen für diese Probleme müssen für jedes Gebäude individuell gefunden werden und sind manchmal wegen der Kosten nicht umsetzbar. Dann kann man nur die Originalkunstwerke in Sicherheit bringen und vor Ort durch Reproduktionen ersetzen. Viele nicht so bedeutende Kunstwerke werden aber dem Klimawandel zum Opfer fallen.

03

WARUM SIND 2 GRAD GLOBALE ERWÄRMUNG EIN PROBLEM?

Warum haben kleine Schwankungen der globalen Mitteltemperatur eine große Wirkung?

/

Welche Auswirkungen hatten historische „natürliche" Klimaschwankungen?

/

Was unterscheidet den „menschenverursachten" Klimawandel von natürlichen Schwankungen?

Es ist zunächst nur schwer zu verstehen, warum ein Anstieg der globalen Mitteltemperatur von 1,5 beziehungsweise 2 Grad ein Problem darstellt. Mit unserem Temperaturempfinden sind derartige Temperaturunterschiede kaum wahrzunehmen, was aufzeigt, dass wir im alltäglichen Leben mit deutlich größeren Temperaturschwankungen konfrontiert sind. Im Winter kann der Temperaturunterschied zwischen Außen- und Raumtemperatur gut 30 Grad betragen und in einer finnischen Sauna hält unser Körper kurzfristig sogar Temperaturen um 100 °C aus. Warum also die Aufregung um diese 2 Grad?

Bei der sogenannten globalen Mitteltemperatur handelt es sich nicht um eine Temperatur im herkömmlichen Sinne. Man kann sie nicht irgendwo messen, sondern muss sie aus vielen Einzelmessungen und einem komplexen mathematischen Modell zur Repräsentativität jeder einzelnen Messung berechnen. Außerdem hat es sich als günstig erwiesen, nicht die Mitteltemperatur selbst zu betrachten, sondern die Abweichung der Mitteltemperatur von der Temperatur einer Referenzperiode, die sogenannte Temperaturanomalie.

Basis für die Berechnung sind Messdaten von meteorologischen Stationen, die von den Wetterdiensten weltweit sowohl an Land als auch auf den Ozeanen betrieben werden. Die Sensorik der Messgeräte muss spezielle Qualitätsstandards der „World Meteorological Organization" (WMO), einer UNO-Teilorganisation, erfüllen und die Datenqualität der Messungen wird laufend überprüft.

Da im Laufe der Zeit die Anzahl der verfügbaren Stationen schwankt und sich auch die räumliche Verteilung dieser verändert, wird für jede Station bestimmt, für welches Gebiet diese Messung repräsentativ ist. Hierfür werden auch Satellitenbeobachtungen der Oberflächentemperatur der Erdoberfläche und der Meere mitverwendet. Dies ist besonders wichtig, da es in großen Bereichen der Ozeane, aber auch in den Polarregionen nur sehr wenige Stationsmessungen gibt. Vor der Verfügbarkeit von Satellitendaten gab es nur grobe Schätzungen der globalen Mitteltemperatur. Heute beschäftigen sich weltweit drei Forschungseinrichtungen mit der Berechnung der globalen Mitteltemperatur (NOAA, NASA, CRU), die jeweils eigene mathematische Verfahren entwickelt haben. Ihre Ergebnisse unterscheiden sich aber durch die Einbeziehung der Satellitendaten nur um weniger als 0,2 °C.

Zur Ermittlung der globalen Mitteltemperatur wird die Lufttemperatur in zwei Metern Höhe über dem Boden verwendet, die von der inneren Energie der Luft abhängig ist. Damit ist die globale Mitteltemperatur ein Maß für den Energiegehalt der bodennahen Luftschicht. Durch die Mittelung der Temperaturmessungen über die ganze Erde und für ein ganzes Jahr stellt die globale Mitteltemperatur ein stabiles Maß des Energiegehaltes dar, da sowohl räumliche und zeitliche Abweichungen als auch saisonale Schwankungen und Jahresgänge durch die Mittelung geglättet werden. Nur zeitliche Abweichungen, die sehr lange andauern und große Gebiete betreffen, wie etwa El-Niño-Ereignisse, können sich auf die globale Mitteltemperatur auswirken.

In Abbildung 3-1 ist der Verlauf der globalen Mitteltemperatur, genauer der Temperaturanomalie, dargestellt. Seit etwa der Mitte des 19. Jahrhunderts gibt es genügend Messstationen weltweit, um diese Kenngröße berechnen zu können. Man erkennt sehr gut, dass die Schwankungen der globalen Mitteltemperatur von Jahr zu Jahr sehr gering sind und in den meisten Jahren weniger als 0,1 °C betragen. Es gibt aber auch Phasen, in denen die Schwankungen deutlich stärker sind. Etwa von 1996 bis 1998 und von 2014 bis 2016. Da gab es jeweils einen Temperaturanstieg von etwa 0,3 °C, dem jeweils wieder eine geringe Abkühlung folgte. Dabei handelt es sich um die Auswirkungen von El Niño, einer Anomalie des Luftdruckes und der Meeresoberflächentemperatur im südlichen Pazifik. Während El-Niño-Jahren sind weite Teile des Pazifiks über Monate viel zu warm und daher führen starke El-Niño-Jahre zu außergewöhnlich hohen globalen Mitteltemperaturen in dem Jahr, in dem sie auftreten. Außergewöhnlich kühle Jahre sind oft eine Folge eines kühlen Pazifiks (kein El Niño) oder des Auftretens extremer Vulkanausbrüche. Wenn Vulkane bei ihrer Eruption Material bis in die Stratosphäre (mehr als 10.000 Meter Höhe) katapultieren, können dieser feine Staub und die Asche mehrere Monate, ja sogar zwei bis drei Jahre dort verbleiben und die Sonneneinstrahlung abschwächen. Die letzten klimawirksamen Vulkanausbrüche waren der Pinatubo (1991) auf den Philippinen und der El Chichon (1982) in Mexiko.

↓ **Abbildung 3-1:** Verlauf der Anomalie der globalen Mitteltemperatur seit 1880 nach Berechnung der „National Ocean and Atmosphere Administration" (NOAA, USA). Referenz ist die globale Mitteltemperatur des 20. Jahrhunderts. [5]

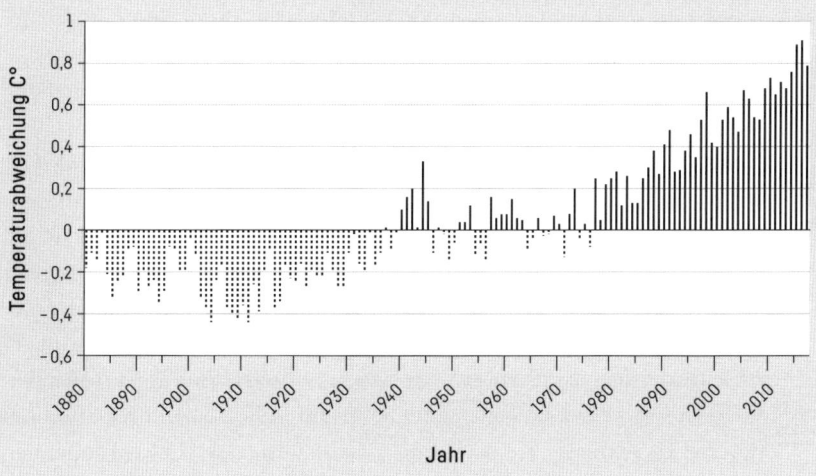

Klimaschwankungen
gab es doch immer schon?

Wenn man sich vor Augen führt, dass in normalen Jahren die Schwankung der globalen Mitteltemperatur kleiner als 0,1 °C ist und selbst außergewöhnliche El-Niño-Jahre oder sehr starke Vulkanausbrüche nur eine vorübergehende Temperaturabweichung von etwa 0,3 °C auslösen, wird verständlich, dass der bisher beobachtete Anstieg der globalen Mitteltemperatur von rund 1 °C etwas höchst Außergewöhnliches darstellt. Diese Zunahme der Energie in den bodennahen Luftschichten ist ein klares Signal, dass im Klimasystem der Erde eine Veränderung im Gange ist, welche bereits weitreichende Folgen zeigt und noch weitere auslösen wird.

Oftmals hört man das Argument, dass es ja nichts schade, wenn es ein paar Grade wärmer wird. Dies mag zwar für gewisse Gelegenheiten, Örtlichkeiten und Jahreszeiten durchaus zutreffen, aber wie beschrieben kann man eine globale Mitteltemperatur nicht mit einer normalen Temperatur an einem bestimmten Ort zu einer bestimmten Zeit vergleichen. Gerne kommt dann noch der Einwurf, dass es Klimaschwankungen ja immer schon gegeben habe – man denke nur an die Eiszeit – und es daher „natürlich" sei, dass sich das Klima verändert. Dabei wird gleichzeitig unterstellt, dass die Auswirkungen nicht so schlimm sein können, da die Erde ja schon früher mit Klimaschwankungen fertig geworden ist.

Es ist richtig, dass sich im Laufe der Entwicklung der Erde auch immer wieder das Klima verändert hat. Häufig werden sogar diese Klimaveränderungen verwendet, um die Übergänge von einem Erdzeitalter in ein anderes zeitlich zu verorten. Dabei muss man aber auch berücksichtigen, dass diese Veränderungen in „geologischen" Zeitskalen abgelaufen sind und sich die Erde dadurch auch immer wieder grundlegend verändert hat. Wichtig ist auch, dass wir die den Veränderungen zugrunde liegenden Prozesse meist gut kennen, wobei bei diesen geologischen Zeitskalen die Alterung der Sonne, die Zusammensetzung der Atmosphäre, die sich verändernde Land-Meer-Verteilung sowie Extremereignisse wie die Ausbrüche von Supervulkanen und Meteoriteneinschläge die wichtigsten Faktoren sind.

Es ist jedoch ein Märchen, dass diese natürlichen Klimaschwankungen unproblematisch verlaufen sind, ganz im Gegenteil. Starke und lang anhaltende Klimaveränderungen haben immer zu Verwerfungen geführt, wovon die Biosphäre immer am stärksten betroffen war.

++ MEHR ERFAHREN ++

Seit dem Entstehen des Lebens auf der Erde vor ungefähr 500 Millionen Jahren hat es aufgrund von Klimaschwankungen fünf Massensterben gegeben, bei denen die Erde nur knapp einer vollständigen Auslöschung allen Lebens entkommen ist:

+ Vor rund 440 Millionen Jahren (Ende Ordovizium) wanderte der Superkontinent Gondwanaland über den Südpol. Dies führte zu großflächigen Vereisungen und Vulkanismus und daraus folgend zu einer Eiszeit, bei der 85 Prozent des damals existierenden Lebens ausgelöscht wurde.

+ Vor rund 360 Millionen Jahren (Ende Devon) führte eine Eiszeit zum Absterben von 75 Prozent der Lebewesen in den Ozeanen. Die Ursache für die Abkühlung ist noch nicht vollständig geklärt, jedoch dürfte Vulkanismus eine wichtige Rolle gespielt haben.

+ Vor rund 250 Millionen Jahren (am Übergang vom Perm zum Trias) erfolgte das schlimmste Massensterben der Erdgeschichte. 75 Prozent aller Landlebewesen sowie 95 Prozent aller Wassertiere starben aus. Dieses Ereignis stellt auch den Übergang vom Erdaltertum (Paläozoikum) zum Erdmittelalter (Mesozoikum) dar. Ausgelöst wurde das Sterben durch eine Eiszeit, die durch die Bildung des Superkontinents Pangea und dessen Lage zu den Polregionen verursacht wurde.

+ Vor rund 200 Millionen Jahren (Ende Trias) erfolgte das fünftgrößte Massensterben, das wahrscheinlich durch verstärkten Vulkanismus und anschließende klimatische Veränderungen ausgelöst wurde.

+ Das letzte große Massensterben erfolgte vor rund 65 Millionen Jahren und stellt den Übergang vom Erdmittelalter (Mesozoikum) zur Erdneuzeit (Känozoikum) dar. Etwa 75 Prozent aller Lebewesen starben aus, am bekanntesten ist das vollständige Verschwinden der Dinosaurier. Es gibt zwei konkurrierende Theorien zur Auslösung des Massensterbens: Vulkanismus oder Meteoriteneinschlag. Wesentlich sind jedoch in beiden Fällen die daraus resultierenden klimatischen Veränderungen, welche erst zu den gravierenden Auswirkungen auf die Biosphäre führten.

Klimaschwankungen haben, wie man aus diesen Fällen von Massensterben sieht, das Potenzial, das gesamte Leben auf der Erde in Gefahr zu bringen. Aber nicht nur diese Extremereignisse greifen auf die Entwicklung des Lebens auf der Erde ein, auch gemäßigtere Klimaschwankungen prägen ganze Landschaften und verändern Ökosysteme.

Die Erde in einem instabilen
Klimazustand – das Eiszeitalter

Wir leben seit rund 2,6 Millionen Jahren in einem Eiszeitalter – auch heute noch. Von einem Eiszeitalter spricht man, wenn beide Pole vereist sind und zumindest 10 Prozent der Erdoberfläche ständig mit gefrorenem Wasser in Form von Gletschereis, Meereis oder Schnee bedeckt sind. Die vereisten Flächen führen dazu, dass mehr Sonnenstrahlung zurück in den Weltraum reflektiert wird und damit weniger Energie für das Klimasystem zur Verfügung steht. Dadurch ist die Temperatur während eines Eiszeitalters niedriger als sonst.

Während eines Eiszeitalters ist die Erde klimatisch gesehen in einem wenig stabilen Zustand, und das Klima kann bereits durch relativ geringe Veränderungen des Energieeintrages gestört werden, wenn diese nur lange genug andauern. Ursache dafür ist, dass – wie in Kapitel 2 erwähnt – durch eine länger andauernde schwache Erwärmung oder Abkühlung die Eis- und Schneeflächen bei Abkühlung größer werden und bei Erwärmung kleiner. Damit wird jedoch ein Rückkopplungsprozess ausgelöst, da größer werdende Eis- und Schneeflächen mehr Sonnenstrahlung reflektieren, dadurch weniger Energie dem Klimasystem zur Verfügung steht und dies zu einer weiteren Abkühlung führt. Bei einer Erwärmung führen hingegen die schrumpfenden Eis- und Schneeflächen zu mehr Energieeintrag und dadurch zu einer zusätzlichen Erwärmung.

Während eines Eiszeitalters gibt es daher Schwankungen zwischen zwei einigermaßen stabilen Zuständen, den Warmzeiten und den Kaltzeiten (Interglaziale und Glaziale). Umgangssprachlich werden Kaltzeiten auch als „Eiszeiten" bezeichnet, was häufig zur Verwechslung mit dem Eiszeitalter führt. In den letzten rund 1,5 Millionen Jahren dauerte ein Zyklus von Warm- und Kaltzeiten jeweils rund 100.000 Jahre, davor war der Zyklus kürzer und lag bei etwa 40.000 Jahren. Der Temperaturunterschied zwischen den Warm- und Kaltzeiten beträgt im Mittel etwa 4 °C und zwischen den kältesten Phasen der Kaltzeiten und den wärmsten Phasen der

Warmzeiten etwa 6 °C. Dies macht wiederum deutlich, welche gravierenden Auswirkungen eine Veränderung der globalen Mitteltemperatur um ein paar Grade verursacht.

Ausgelöst werden diese Schwankungen während des Eiszeitalters durch einen veränderten Energieeintrag von der Sonne, vor allem auf der Nordhalbkugel. Verursacht werden diese durch regelmäßige Veränderungen der Umlaufbahn der Erde um die Sonne sowie der Neigung der Erdachse. Durch Überlagerung mehrerer dieser Faktoren kann es zu Schwankungen im Energieeintrag von einigen wenigen Watt pro Quadratmeter kommen. Dies entspricht zwar nur etwa 1 Prozent des Energieeintrages der Sonne auf die Erde, aber der veränderte Energieeintrag hält über mehrere Jahrtausende an. Der Effekt wird durch Rückkopplungsprozesse wie der Schnee-/Eis-Rückkopplung verstärkt und kann daher zu den beobachteten starken Veränderungen zwischen den Warm- und Kaltzeiten führen. Die letzte Kaltzeit begann vor rund 115.000 Jahren, erreichte ihren Höhepunkt vor 22.000 Jahren und endete von 12.000 Jahren. Im deutschsprachigen Raum wird diese Kaltzeit auch Würm-Eiszeit genannt. Während der maximalen Eisausdehnung reichte das polare Eisschild in Europa bis nach Berlin und der Alpenraum war ebenfalls großräumig vergletschert. Durch die Wasserspeicherung in den riesigen Eisschilden lag der Meeresspiegel um 120 bis 130 Meter unter dem heutigen Niveau. Dadurch war Großbritannien mit Europa verbunden und auch Sibirien war mit Alaska in Nordamerika verbunden.

Mit dem Ende der Würm-Eiszeit vor 12.000 Jahren begann die relativ stabile Klimaperiode des Holozän und damit auch die rasante kulturelle und technische Entwicklung des Menschen. Der heutige Mensch (Homo sapiens sapiens) entwickelte sich vor rund 200.000 Jahren in Afrika. Vor etwa 100.000 Jahren begann die Ausbreitung von Afrika aus nach Asien und Europa. Da diese Ausbreitung etwa mit dem Beginn der letzten Kaltzeit zusammenfällt, dürfte diese Wanderbewegung auch mit klimatischen Veränderungen in den ursprünglichen Verbreitungsgebieten des Homo sapiens in Afrika zusammenhängen.

Die globale Ausbreitung des modernen Menschen erfolgte vollständig während der Würm-Eiszeit. Der niedrige Wasserspiegel erlaubte auch die Besiedelung von Amerika, das über die Beringstraße mit Asien verbunden war und selbst Australien konnte zu Fuß und mit der Überwindung kurzer Wasserwege besiedelt werden. Wir sind also Kinder der Eiszeit, wobei unsere Vorfahren zu dieser Zeit noch Jäger und Sammler waren und keinen Ackerbau betrieben.

Der Übergang von der Würm-Eiszeit zum Holozän brachte massive klimatische und auch landschaftliche Veränderungen, die sich tief in das Bewusstsein der Menschheit eingeprägt haben. Durch das Schmelzen der großen Eisschilde stieg langsam der Meeresspiegel. Dies führte einerseits dazu, dass viele Landgebiete vom kontinentalen Festland getrennt und zu Inseln wurden. Es wurden aber auch Meeresverbindungen, die während der Kaltzeit trockengefallen waren, wieder aktiviert. Dieser Prozess dürfte der Auslöser für die „Sintflut-Legende" sein, die in vielen eurasischen Kulturen überliefert ist und auch in der Bibel vorkommt. Der Bosporus, die Meeresverbindung zwischen dem Mittelmeer und dem Schwarzen Meer, war während der Würm-Eiszeit eine Landbarriere, da er an der tiefsten Stelle nur 110 Meter tief ist. Das Schwarze Meer war daher ein Süßwassersee, der von der Donau, dem Dnjepr und dem Don gespeist wurde, wobei die Ausdehnung jedoch deutlich kleiner war als das heutige Schwarze Meer. Die Ufer dieses Sees waren von Jägern und Sammlern sowie Fischerkulturen dicht besiedelt. Vor etwa 8.400 Jahren war der Meeresspiegel des Mittelmeeres so weit angestiegen, dass sich die Salzwassermassen des Mittelmeeres in das Becken des Schwarzen Meeres ergossen und die dortigen Siedlungen entweder zerstörten oder zumindest die weitere Besiedlung unmöglich machten. Da die vertriebenen Menschen in verschiedene Richtungen rund um das Schwarze Meer flüchteten, wurde der Mythos der „Großen Flut" in alle Kulturen dieses Raums getragen.

Der Übergang von der Würm-Eiszeit zur heutigen Warmzeit erfolgte zwar im geologischen Sinne rasch, dauerte aber dennoch einige Tausend Jahre. Die Erwärmung setzte vor etwa 12.000 Jahren ein, nachdem bereits einige Tausend Jahre davor der Energieeintrag im Sommer auf der Nordhalbkugel angestiegen war und sich die großen Eisschilde in Nordamerika und in Eurasien langsam erwärmten. Der Strahlungseintrag auf der Nordhemisphäre im Sommer erreichte vor rund 9.000 Jahren das Maximum, seither nimmt er langsam wieder ab, dafür im Winter zu. Das Eurasische Eisschild brauchte 5.000 Jahre, bis es vor rund 7.000 Jahren vollständig abgeschmolzen war, und das Nordamerikanische Eisschild verschwand überhaupt erst vor 4.000 Jahren.

Diese Hochphase des Strahlungseintrages im Sommer und der Rückgang der Eisschilde führten zu einem Klimaoptimum auf der Nordhalbkugel, das etwa vor 8.000 Jahren begann und vier Jahrtausende andauerte. In dieser Zeit lag die Mitteltemperatur bei uns in Mitteleuropa etwa 1,5 bis 2 Grad über dem Niveau vor der Industriellen Revolution und dürfte damit in etwa so warm gewesen sein wie das letzte Jahrzehnt. Die Alpen dürften während langer Phasen des Klimaoptimums vollständig eisfrei gewesen sein. Das Klimaoptimum ist auch die Zeit, in welcher der Mensch sesshaft wurde und mit Ackerbau und Viehzucht begann.

Dieser Übergang vom Jäger und Sammler zum Bauern erfolgte nicht freiwillig, sondern wurde durch die Umstellung des Klimas verursacht. Die „Wiegen der Zivilisation", wie etwa im Zwischenstromland Euphrat und Tigris (heutiger Irak), Kleinasien, Ägypten, aber auch Indien und China, liegen alle zwischen dem 30. und 40. Breitengrad und damit in den Subtropen. Diese Gebiete wurden während des Klimaoptimums deutlich trockener und damit auch im Sommer heißer. Wir wissen, dass die Sahara zu Beginn des Klimaoptimums ein fruchtbarer Landstrich mit einer Vielzahl an großen Säugetieren war, die für die Jagd geeignet waren. Während des Klimaoptimums trocknete die Sahara von Süden her aus, aber selbst zur Römerzeit waren die Küstengebiete um Karthago im heutigen Tunesien noch die Kornkammern des Römischen Reiches.

Diese klimatische Veränderung führte dazu, dass man sich nicht mehr das ganze Jahr von der Jagd und dem Sammeln von Früchten ernähren konnte. Untersuchungen von Skeletten haben gezeigt, dass die Menschen zu Beginn der Ackerbaukulturen deutlich stärker an Mangelernährung litten als die vorherigen Jäger und Sammler. Der Umstieg auf Ackerbau und Viehzucht und die daraufhin folgende Städteentwicklung und Staatenbildung erfolgten also nicht freiwillig, sondern aus klimatischen Gründen. Eine derartige tiefgreifende kulturelle Umstellung war natürlich mit anfänglichen Schwierigkeiten verbunden. Langfristig führte sie zu den ersten Hochkulturen in Mesopotamien, Ägypten, Indien und China. Aus diesen entwickelten sich die griechische und römische Kultur sowie die großen Weltreligionen, die bis in die heutige Zeit nachwirken.

Die historische Entwicklung –
eine Folge von Klimaschwankungen?

Klimatische Veränderungen haben die Menschheit also von Beginn an begleitet und geprägt. Durch das Sesshaftwerden und die Umstellung auf Ackerbau und Viehzucht wurde die Abhängigkeit der Menschen vom Wetter und den damit verbundenen Schwankungen bei den Ernteerträgen aber verstärkt. Man konnte nicht mehr einfach den Tierherden folgen, sondern musste mit den Witterungsschwankungen fertig werden. Dies führte zur Entwicklung der Lagerhaltung, aber auch des überregionalen Warenaustausches. Damit konnten zwar Missernten von einem oder wenigen Jahren abgemildert werden – man denke an die sieben fetten und sieben mageren Jahre aus der Bibel –, längerfristige klimatische Schwankungen konnten aber mit dieser kulturellen und technischen Entwicklung nicht überbrückt werden.

Eine deutliche Abkühlung in Europa war mitverantwortlich für den Zusammenbruch des Römischen Reiches und die daran anschließende Völkerwanderung. Diese Abkühlung setzte etwa 400 n. Chr. ein und reichte bis etwa 750. Um 535 n. Chr. gab es zudem eine weltweit spürbare Abkühlung, welche durch einen Vulkanausbruch (Rabaul auf Papua-Neuguinea) verursacht wurde. In Europa wurden speziell die Winter kälter und feuchter, sodass sich im Alpenraum die Gletscher stark ausdehnten und eine ähnliche Ausdehnung wie während des letzten Höchststandes am Ende der Kleinen Eiszeit erreichten.

Die Vergletscherung der Alpen hat aber bereits in der letzten Phase des Klimaoptimums eingesetzt. Wir wissen dies aufgrund des Fundes eines eingefrorenen Steinzeitmenschen am Similaun-Gletscher im Ötztal im Jahre 1991. Dieser Mensch, liebevoll „Ötzi" genannt, verstarb vor rund 5.000 Jahren und liefert Historikern wertvolle Einblicke in die Lebenswelten seiner Zeit, da sowohl seine Gerätschaften als auch seine Kleidung und sein Körper sehr gut erhalten sind. Dies liegt daran, dass die Leiche sofort eingeschneit wurde, sich dieser Schnee in Eis verwandelte und der Körper erst wieder im Jahr 1991 auftaute.

Die Temperaturen waren während der Völkerwanderungszeit in Europa etwa 1 bis 1,5 Grad kühler als Ende des 20. Jahrhunderts. Global gemittelt war diese Temperaturanomalie deutlich geringer. Dennoch reichte dies aus, um die Lebensgrundlage ganzer Völker dermaßen zu verschlechtern, dass riesige Wanderbewegungen ausgelöst wurden. Natürlich waren die klimatischen Veränderungen nicht allein der Grund für den Untergang des Römischen Reiches und die Migrationsbewegungen während der Völkerwanderungszeit. Ein wesentlicher Faktor waren auch die Hunnen, die in der zweiten Hälfte des 4. Jahrhunderts von Asien kommend in Europa eindrangen. Warum die Hunnen gerade zu dieser Zeit ihre Heimat verließen und gegen Westen zogen, ist bis heute nicht eindeutig geklärt. Es könnten aber letztlich auch hierbei klimatische Faktoren eine Rolle gespielt haben.

Um 750 n. Chr. endet die Kaltphase der Völkerwanderungszeit und des frühen Mittelalters. Bei der nächsten größeren Klimaanomalie handelt es sich um eine Warmphase, um die sich viele Mythen ranken: Die mittelalterliche Warmzeit. Bei vielen Diskussionen vertreten Menschen die Meinung, dass es während der mittelalterlichen Warmzeit deutlich wärmer gewesen sei als heute. Als Argument wird dann gerne verwendet, dass es im Alpenraum viele Flurnamen gibt, die darauf hinweisen, dass dort im Mittelalter Wein angebaut wurde. Weiters wurde zu der Zeit ja auch Grönland von den Wikingern besiedelt und manchmal wird gar behauptet, dass Grönland zu dieser Zeit vollkommen eisfrei gewesen sei.

Das ist so nicht korrekt. Das grönländische Eisschild ist im Mittel 1.500 Meter dick. Der Jahresniederschlag beträgt an der grönländischen Küste in etwa 750 Liter pro Quadratmeter und im Landesinneren weniger als 500. Selbst wenn der ganze Jahresniederschlag zu Eis würde, ergäbe dieser eine Eisschicht mit weniger als einem halben Meter Dicke pro Jahr. Es würde daher mehr als 3.000 Jahre dauern, um den grönländischen Eisschild auf das heutige Ausmaß anwachsen zu lassen. Die Wikinger siedelten nur an der Südspitze sowie an der südlichen Westküste von Grönland und diese Gebiete sind auch heute eisfrei. Es stimmt aber, dass einige der Wikinger-gräber im heutigen Permafrostboden liegen. Es wäre für die Wikinger unmöglich gewesen, diese Gräber im Permafrost anzulegen. Daher kann dieser Boden im Mittelalter nicht gefroren gewesen sein. Zumindest in diesem Teil Grönlands war es im Mittelalter also wärmer als heute.

Die mittelalterliche Warmzeit begann um 900 und endete um 1350, wobei man nicht von einer einheitlich warmen Phase sprechen kann. Die Erwärmung war im Nordatlantik besonders stark ausgeprägt, was um 900 zur Besiedlung Islands durch die Wikinger führte. Um 1100 erreichen sie die Südspitze Grönlands. In Europa war es zwar auch deutlich wärmer als in der Zeit davor und danach, jedoch wurde das heutige Temperaturniveau nur punktuell, nicht über einen längeren Zeitraum (30 Jahre) erreicht. In den wärmsten Phasen war es etwa so warm wie am Ende des 20. Jahrhunderts, wobei diese Warmphasen regional unterschiedlich auftraten und auch immer wieder sehr kalte Jahre dazwischen vorkamen.

Die Ursachen für diese Warmphase liegen in den Atlantischen Meeresströmungen und deren Wechselwirkung mit der Atmosphäre. Daher ist die Erwärmung auch in den Küstenregionen des Nordatlantiks am stärksten ausgeprägt. Global zeigen viele Regionen, speziell die Tropen, in dieser Periode keine Temperaturanomalie, sodass die globale Mitteltemperatur deutlich kälter war als heute.

Was den Weinanbau in vielen Alpenregionen betrifft, stimmt es, dass dieser im Mittelalter weit verbreitet war. Hintergrund dafür ist aber nicht, dass der Wein so gut gewachsen ist und eine so hohe Qualität hatte. Schon ab der Römerzeit erfolgte die Christianisierung des Alpenraums. Für die Abhaltung der Gottesdienste wurde unbedingt Wein benötigt. Da das Straßennetz im Mittelalter wesentlich schlechter war als zur Römerzeit, war der Transport von Wein extrem teuer. Daher versuchte man überall, wo christliche Kirchen errichtet wurden, auch einen Weingarten anzulegen. Hierfür wurden die sonnigsten und wärmsten Plätze ausgewählt und man investierte sehr viel Arbeit in die Pflege und den Schutz der Weingärten. Zudem war die Qualität des Weines nachrangig. Es war nur wichtig, dass der Traubensaft so viel Zucker produzierte, dass es für eine alkoholische Gärung reichte. Mit dem heutigen Standard der Weinqualität hatte dieses Getränk nichts zu tun.

Im 14. Jahrhundert begann sich das Klima wieder abzukühlen. Diese Kaltphase reichte mit einigen zeitlichen und räumlichen Unterschieden bis in die Mitte des 19. Jahrhunderts und wird auch als „Kleine Eiszeit" bezeichnet. Die Kleine Eiszeit kann weltweit nachgewiesen werden. Aus Temperaturrekonstruktionen für die Nordhalbkugel aus Eisbohrkernen, Baumringanalysen und mit anderen Methoden konnte gezeigt werden, dass die Temperatur um etwa 0,5 bis 0,8 Grad kälter wurde als in der mittelalterlichen Warmzeit. In Europa wurden speziell die Winter kälter. Wir kennen aus dieser Zeit Gemälde von den zugefrorenen Grachten in Holland, auf denen die Menschen eislaufen, oder von der zugefrorenen Themse in London.

Im Alpenraum kam es zu einem Anwachsen der Gletscher; diese erreichten zur Mitte des 17. und des 19. Jahrhunderts neue Maximalstände. Die Gletscher drangen auch in von Menschen genutzte Regionen vor, wie etwa die „übergossene Alm" am Hochkönig. Um 1850 erreichte der Gletscher des Hochkönigs eine Fläche von 5,5 Quadratkilometern und bedeckte damit auch zuvor für die Viehhaltung genutzte Almflächen. Inzwischen hat sich der Gletscher wieder weit zurückgezogen und ist in kleine Eisflecken zerfallen.

In Europa kam es während der Kleinen Eiszeit immer wieder zu Missernten und dadurch ausgelöste Hungersnöte. Ein Beispiel dafür ist die große Hungersnot in Irland von 1845 bis 1852. Die irische Bevölkerung ernährte sich im 19. Jahrhundert überwiegend von Kartoffeln. Durch die feucht-kühle Witterung am letzten Höhepunkt der Kleinen Eiszeit wurde die Ausbreitung der Kartoffelfäule, einer Krankheit, die aus den USA eingeschleppt wurde, begünstigt und die Ernten brachen ein. Schätzungen gehen davon aus, dass während dieser Hungersnot etwa eine Million Iren gestorben sind und 1,5 Millionen auswanderten, vor allem nach Nordamerika.

Die Ursachen für diese Abkühlung liegen im Zusammenspiel zweier Faktoren. Einerseits kam es in der zweiten Hälfte des 17. Jahrhunderts zu einem Minimum der Sonnenfleckenaktivität, dem sogenannten Maunderminimum. Während geringer Sonnenaktivität sinkt die von der Sonne ausgestrahlte Energie etwas ab. Ein zweiter wichtiger Faktor war eine sehr starke vulkanische Aktivität zwischen 1250 und 1500 sowie 1550 und 1700. Bekannt sind auch die Auswirkungen des Vulkans Laki auf Island aus dem Jahr 1783, der zu einem extrem kalten Winter 1783/1784 führte, sowie der Ausbruch des Tambora auf Indonesien im Jahre 1815, der in Europa zum „Jahr ohne Sommer" 1816 führte.

Ab der Mitte des 19. Jahrhunderts begann sich das Klima zu stabilisieren. Ab 1880 erfolgte im Alpenraum ein langsamer Temperaturanstieg, wobei zur Mitte des 20. Jahrhunderts wieder das Niveau des ausgehenden 18. Jahrhunderts erreicht wurde (siehe Kapitel 2, Abb. 2-1). Bei der globalen Mitteltemperatur erfolgte der Anstieg erst mit Beginn des 20. Jahrhunderts (siehe Abb. 3-1). Zur Mitte des 20. Jahrhunderts wurde global in etwa das Niveau der mittelalterlichen Warmzeit erreicht. Vom Ende des Zweiten Weltkriegs bis zum Beginn der 1970er-Jahre blieb die globale Mitteltemperatur faktisch konstant, seither steigt sie rasant an und liegt derzeit etwa ein Grad über dem Temperaturniveau am Ende des 19. Jahrhunderts.

Die Entwicklung im 20. Jahrhundert – der Beginn des Anthropozäns

Ursachen der aktuellen Erwärmungsphase waren zu Beginn des 20. Jahrhunderts in erster Linie natürliche Faktoren: der Anstieg der Sonnenaktivität und damit ein geringer Anstieg der Sonnenenergie, aber vor allem auch eine geringe vulkanische Aktivität. Nach 1945 wurde der Einfluss des Menschen dominant. Der Anstieg von Kohlendioxid (CO_2) in der Atmosphäre durch die Verbrennung von Kohle, Erdöl und Erdgas, weiters von anderen Treibhausgasen führte zu einer Erhöhung des Treibhauseffekts und damit zu einem höheren Energieeintrag in das Klimasystem. Der Treibhauseffekt wird durch Gase verursacht. Diese können Strahlungsenergie nur in bestimmten Wellenlängen aufnehmen und wieder abgeben. Treibhausgase sind nun jene Gase, welche die kurzwellige Sonnenstrahlung ungehindert durch die Atmosphäre lassen, die langwellige Wärmestrahlung der Erde jedoch absorbieren. Sie erwärmen sich und strahlen die Wärmeenergie in alle Richtungen ab, auch zur Erde.

Gleichzeitig wurden in den 1950er- und 1960er-Jahren sehr viele Aerosole in die Luft geschleudert, welche die Atmosphäre trübten und zu einer Reduktion der Sonneneinstrahlung führten (vgl. Kapitel 2). In der Zeit von 1945 bis 1970 hoben sich die erwärmende Wirkung der Treibhausgase und die kühlende Wirkung der Aerosole auf, wodurch die globale Mitteltemperatur konstant blieb. Ab den 1970er-Jahren überwog die wärmende Wirkung der Treibhausgase und die Temperatur steigt seither an.

Die aktuelle Entwicklung der globalen Mitteltemperatur, speziell seit dem Ende des Zweiten Weltkriegs, kann nur durch die menschlichen Aktivitäten erklärt werden und ist eindeutig auf den Anstieg des Treibhauseffekts zurückzuführen. Wir haben bereits eine Erwärmung von rund einem Grad verursacht; historisch haben schon deutlich geringere Abweichungen der globalen Mitteltemperatur zu starken Auswirkungen geführt. Zudem leben wir in einem Eiszeitalter, in dem schon geringe Schwankungen des Energieeintrags zu starken Veränderungen führen, sofern diese nur lange genug anhalten. Leider sind Treibhausgase nicht wasserlöslich und können durch Regen nicht ausgewaschen werden wie Aerosole. Kohlendioxid, das wir heute in die Luft einbringen, wird noch in vielen Jahrhunderten dort nachweisbar und wirksam sein.

Welche katastrophalen Auswirkungen bereits kleine klimatische Veränderungen auf die Biosphäre und speziell auf die menschliche Gesellschaft haben, mussten wir, wie beschrieben, im Verlauf der Geschichte schmerzhaft erleben. Die aktuelle, vom Menschen verursachte Erwärmung erfolgt nun in einer Geschwindigkeit, wie wir sie in den letzten 12.000 Jahren nicht gesehen haben. In den letzten 150 Jahres stieg die globale Mitteltemperatur um rund ein Grad und eine weitere Erwärmung von etwa 0,5 Grad können wir nicht mehr verhindern. Je nach unserem Verhalten könnte die globale Mitteltemperatur in diesem Jahrhundert sogar noch um weitere 4 Grad ansteigen. Ein derartiger Temperaturanstieg ist mit dem Unterschied zwischen einer Eiszeit und einer Warmzeit vergleichbar, nur dass die Erwärmung bereits bei einer Warmzeit ansetzt. Dadurch werden sich die Wetterabläufe markant verändern, die Klimazonen verschieben und viele Ökosysteme werden ihre Lebensbasis verlieren. Es liegt in unserer Verantwortung, in welche Richtung das globale Klimasystem in den nächsten Jahrzehnten kippt.

04

WERDEN MEINE ENKERL NOCH SKIFAHREN?

**Wie geht es weiter,
wenn es so weitergeht?**
/
**Gibt es nur Verlierer
oder auch Gewinner?**
/
**Warum darf man
nicht nur auf die Auswirkungen
in Österreich schauen?**

Die Menschheit ist dabei, das Klima der Erde zu verändern, und immer deutlicher spüren wir schon die Auswirkungen. Damit wird aber auch die Frage, wie es weitergeht, immer dringlicher. Leider gibt es keine einfache Antwort auf diese Frage. Eines ist jedoch sicher. Es hängt allein vom menschlichen Verhalten in den nächsten Jahrzehnten ab, wie rasch der Klimawandel abläuft und wie stark er sein wird.

Durch den Ausstoß von Treibhausgasen und die Veränderung der Landnutzung verändern wir die Energieflüsse des Klimasystems. Treibhausgase lassen die kurzwellige Sonnenstrahlung ungehindert durch die Atmosphäre, absorbieren jedoch die langwellige Wärmestrahlung der Erde. Durch diesen sogenannten Treibhauseffekt wird dem Klimasystem zusätzliche Energie zugeführt. Seit der industriellen Revolution zu Beginn des 19. Jahrhunderts – seit damals werden durch die Verbrennung der fossilen Brennstoffe Kohle, Öl und Gas große Mengen an Kohlendioxid in die Atmosphäre eingebracht – führten die menschlichen Aktivitäten zu einem zusätzlichen Energiefluss von rund 2,5 W/m² in das Klimasystem. Diese Veränderung der Energieflüsse durch den Menschen können wir recht genau berechnen, da wir wissen, welche Menge an Treibhausgasen durch fossile Brennstoffe und industrielle Prozesse wie der Zement- oder Stahlherstellung freigesetzt werden.

Wenn wir jedoch wissen wollen, was das Klimasystem der Erde mit dieser zusätzlichen Energie macht, wird es kompliziert. Im Klimasystem gibt es komplexe Wechselwirkungen zwischen der Atmosphäre, den Ozeanen, den Land- und Eismassen sowie der Biosphäre, sodass es keine einfache Umrechnung zwischen zusätzlicher Energie und daraus resultierendem Klimawandel gibt. Neben diesen kurzfristigen Wechselwirkungen gibt es auch noch die langfristigen Rückkopplungsprozesse, die zu einer massiven Verstärkung einer begonnenen Veränderung führen können.

Um abzuschätzen, wie sich die zugeführte Energie auf das Klima auswirkt, muss man alle relevanten Energie- und Masseflüsse des Klimas und deren räumlich/zeitliche Veränderung abbilden. Dies geschieht in globalen Klimamodellen. Weltweit beschäftigen sich rund 20 Forschungseinrichtungen mit der Entwicklung von derartigen Klimamodellen. Inzwischen ist die Qualität dieser Modelle schon so gut, dass die Entwicklung der globalen Mitteltemperatur der letzten 150 Jahre sehr genau wiedergegeben werden kann. Aber auch regionale Unterschiede in der Entwicklung in kontinentaler Größenordnung werden richtig abgebildet. Mit derartigen Modellen konnte man auch nachweisen, dass die rasche Erwärmung der letzten 40 Jahre nur durch den Anstieg der Treibhausgaskonzentrationen erklärt werden kann.

Klimamodelle ermöglichen nun auch Experimente, die zeigen, wie sich das Klima bei einem weiteren Anstieg der Treibhausgaskonzentrationen und/oder einer zukünftigen Veränderung der Landnutzung verhält. Um dies zu tun, braucht man aber Annahmen, wie sich die Treibhausgase in der Atmosphäre in Zukunft entwickeln werden, und dies hängt vom menschlichen Verhalten ab.

Da wir nicht genau wissen, ob es uns gelingt, weltweit Klimaschutzmaß- nahmen umzusetzen, oder wie die technische und wirtschaftliche Ent- wicklung in den nächsten 80 Jahren aussehen wird, verwenden die Klima- modellierer nicht ein Emissionsszenario, sondern vier verschiedene. Diese Emissionsszenarien sollen die ganze Bandbreite der möglichen zukünfti- gen Entwicklungen abbilden. Das Emissionsszenario mit den geringsten Emissionen gibt einen Entwicklungspfad vor, bei dem die Hoffnung be- steht, das Pariser 2-Grad-Ziel einzuhalten. Bei diesem Emissionsszenario, RC 2.6 genannt, beträgt der zusätzliche Energieeintrag in das Klimasystem am Ende des 21. Jahrhunderts 2,6 W/m² und ist damit faktisch gleich hoch wie heute. Dies bedeutet, dass bei diesem Szenario alle Treibhausgase, die wir noch in die Atmosphäre einbringen, bis zum Ende des Jahrhunderts wieder entfernt werden müssen, sei es durch natürliche Prozesse oder durch technische Maßnahmen.

Das Szenario mit den größten Emissionen wird gerne als „Weitermachen wie bisher" oder „Business as usual" bezeichnet. Bei diesem wird angenom- men, dass es nicht gelingt, globale Klimaschutzmaßnahmen umzusetzen. Dies führt zu einem zusätzlichen Energiefluss von 8,5 W/m² am Ende des

21. Jahrhunderts, wobei dieser darüber hinaus weiter steigen wird, da keine Stabilisierung der Treibhausgaskonzentrationen erreicht wird. Zwei weitere Szenarien repräsentieren Entwicklungen, die zwischen diesen beiden Extremszenarien liegen. Je nach Emissionsszenario steigt die globale Mitteltemperatur unterschiedlich stark an. Natürlich sind diese Berechnungen mit Unsicherheiten verbunden. Man erkennt sie unter anderem an den Unterschieden zwischen den Klimamodellen verschiedener Forschergruppen, die sich in der Regel in Details unterscheiden. Die Hauptunsicherheit bei der Intensität des zukünftigen Klimawandels liegt allerdings darin, wie wir Menschen uns verhalten werden.

Die globalen Klimamodelle berechnen nicht nur die globale Mitteltemperatur, sondern auch die geografische Verteilung alle meteorologischen Größen wie Temperatur, Niederschlag, Sonnenstrahlung oder Wind. Bei der Temperatur ergibt sich eine klare räumliche Struktur. Die Landmassen und die Polarregionen erwärmen sich deutlich stärker als die Ozeane. Dies liegt daran, dass bei Wasserflächen ein Teil der Energie für Verdunstung verwendet wird und nicht für Erwärmung. Zudem erfolgt die Erwärmung nicht nur an der Oberfläche, da durch Wasserströmungen und Wellen die Erwärmung auch in tiefere Schichten geführt wird. Für uns im Alpenraum bedeutet dies, dass die Erwärmung deutlich stärker ausfallen wird als im globalen Mittel. Selbst beim Erreichen des Paris-Zieles müssen wir mit einer weiteren Erwärmung von zumindest einem Grad, wahrscheinlich 1,5 Grad, gegenüber der derzeitigen Temperatur ausgehen. Ohne Klimaschutzmaßnahmen wird die weitere Erwärmung bei uns zwischen 4 und 5 Grad liegen. Damit würden in den Tieflagen im Sommer Temperaturen erreicht, wie sie derzeit in den heißesten Regionen Südspaniens herrschen und in den Alpen würden sich die Temperaturverhältnisse um etwa 700 bis 800 Meter in die Höhe verschieben. In den Mittelgebirgslagen zwischen 1.000 und 1.500 Metern werden daher dann Temperaturen herrschen, wie wir sie derzeit nur von den Tieflagen kennen.

Auch beim Niederschlag zeigen sich klare Strukturen. Da wärmere Luft mehr Wasserdampf aufnehmen kann, führt dies zu einer Niederschlagszunahme in den höheren Breiten. In den Tropen und Subtropen kommt es zu einer Verlagerung der Niederschläge. Grob kann man sagen, dass die Niederschläge dort zunehmen, wo es bereits viel Niederschlag gibt, und abnehmen, wo es wenig gibt. Gleichzeitig kommt es auch zu einer Zunahme der Niederschlagsintensität, also wenn es regnet, regnet es stärker. Das gilt auch für den Alpenraum.

Europa ist hier bezüglich der Niederschlagsentwicklung zweigeteilt: In Skandinavien und den nördlichen Teilen Russlands gibt es eine klare Niederschlagszunahme und im Mittelmeerraum und der Iberischen Halbinsel eine Niederschlagsabnahme. Wir im Alpenraum liegen genau im Übergangsbereich, sodass sich bei uns die Jahresniederschlagsmenge nicht stark verändern wird. Im Sommer wird sich aber immer öfter das Azorenhoch bei uns durchsetzen und damit werden die Niederschläge abnehmen. Im Winter wiederum werden die Atlantischen Fronten mehr Wasserdampf und damit mehr Niederschlag bringen. In Summe führt dies zu einer zeitlichen Verlagerung des Niederschlages vom Sommerhalbjahr ins Winterhalbjahr.

Worauf müssen wir uns
in Österreich einstellen?

Viele der unmittelbaren Auswirkungen des Klimawandels, die in Kapitel 2 beschrieben wurden, sind hier wieder erwähnt, nur dass sie in Zukunft in der Regel häufiger, intensiver, anhaltender oder verbreiteter auftreten werden.

LAND- UND FORSTWIRTSCHAFT

Einen weiteren Klimawandel können wir nicht vollständig verhindern. Wir müssen davon ausgehen, dass die rasche Erwärmung, die wir in den letzten Jahrzehnten erlebt haben, zumindest noch bis zur Mitte des Jahrhunderts weitergeht. Gleichzeitig wird der Niederschlag im Winter tendenziell zu- und im Sommer abnehmen. Der Wirtschaftssektor, der ganz direkt vom Wetter und dem Klima abhängt, ist die Land- und Forstwirtschaft. Bereits die Veränderungen der letzten Jahrzehnte haben hier zu großen Auswirkungen geführt.

Durch die Erwärmung kommt es zu einer Verlängerung der Vegetationsperiode (siehe auch Kapitel 2). Diese verlängert sich etwa um zehn Tage pro Grad Temperaturanstieg. Dies führt im alpinen Grünland zu mehr Ertrag und es ist eine intensivere Nutzung möglich. Auch das Anbaugebiet von Obst- und Weinkulturen wird in Regionen ausgeweitet werden können, in denen es derzeit dafür zu kalt ist. In den wärmsten Ackerbauregionen wiederum könnte in Zukunft eine zweite Hauptkultur angepflanzt werden, wodurch zwei Ernten pro Jahr möglich werden. Auch in der Forstwirtschaft begrenzt im Alpenraum häufig die Temperatur das Wachstum. Bei Erwärmung sollte daher der Holzzuwachs in gesunden Wäldern steigen.

Profitiert dieser Sektor also vom Klimawandel? Leider ist es nicht so einfach. Der Klimawandel hat in der heimischen Land- und Forstwirtschaft viele positive Auswirkungen, aber auch negative. Entscheidend dafür, wie die Auswirkung ausfällt, ist häufig die Verfügbarkeit von Wasser, und diese wird sich durch den Klimawandel verändern. Die Sommer 2015, 2017 und 2018 haben gezeigt, dass es in den großen Ackerbauregionen in Ober- und Niederösterreich zu Problemen mit der Wasserversorgung kommen kann. Selbst im sehr niederschlagsreichen Vorarlberg kam es 2018 zu massiven trockenheitsbedingten Einbußen bei der Heuernte, sodass viele Bauern Rinder und Schafe verkaufen mussten.

Trockenheit wird in Zukunft aus mehreren Gründen ein immer größeres Problem in der Land- und Forstwirtschaft werden. Die Verlagerung des Niederschlags vom Sommerhalbjahr ins Winterhalbjahr führt dazu, dass während der Vegetationsperiode, in der die Pflanzen das Wasser brauchen, weniger Niederschlag fällt. Der Winterniederschlag wird zudem immer häufiger in Form von Regen fallen und nicht als Schnee. Damit wird mehr Wasser ungenutzt oberirdisch abfließen und nicht in den Boden einsickern. Durch den früheren Beginn der Vegetationsperiode beginnt auch der Wasserverbrauch durch die Pflanzen früher und in der wärmeren Atmosphäre nimmt die Verdunstung zu. Damit wird das Wasser im Boden in der zweiten Sommerhälfte knapp. Kommt es dann noch zu lang anhaltenden Hitzewellen, weil sich das Azorenhoch bei uns festsetzt, gibt es großflächig Dürreschäden.

Besonders betroffen von Dürreproblemen sind Dauerkulturen wie Obst und Wein, Grünland und der Wald. Diese müssen während der ganzen Vegetationsperiode mit Wasser versorgt werden. Im Ackerbau hat man verschiedene Möglichkeiten, zu reagieren. Trockenanfällig sind Kulturen, die den ganzen Sommer lang wachsen, wie etwa Mais oder Zuckerrübe. Durch eine geänderte Fruchtfolge mit einem Schwerpunkt auf Wintergetreide und eine Umstellung auf trockenresistente Sorten kann man die Folgen mildern. Im Ackerbau und speziell im Gemüsebau zahlt sich außerdem künstliche Bewässerung aus. Regionen, in denen Grundwasser verfügbar ist, oder große Flüsse, aus denen Wasser für Bewässerung entnommen werden darf, werden in Zukunft profitieren.

Im Alpenvorland Niederösterreichs konnte man im August 2018 zusehen, wie sich die Blätter der Buchen wegen der Trockenheit braun verfärbten – wie sonst im Spätherbst. Dieser Laubwurf der Buchen führt jedoch zu keinen längerfristigen Problemen, nur der Zuwachs im jeweiligen Jahr wird reduziert. Problematischer ist die Trockenheit der Fichten. Diese werden bei Trockenstress anfälliger für Borkenkäfer und wenn sie einmal mit Borkenkäfern befallen sind, können sie nicht gerettet werden. Da die Fichte die wichtigste Baumart in der heimischen Forstwirtschaft ist, ist sie in Österreichs Wäldern weit verbreitet, auch in Klimaregionen, wo sie eigentlich nichts verloren hat. Durch den Klimawandel wird die Fichte immer häufiger Probleme bekommen und für die Forstwirte zum Risiko werden. Eine Umwandlung der großen Fichtenmonokulturen in Mischwälder findet gerade statt, freiwillig durch vorausschauende Forstwirte oder unfreiwillig durch den Borkenkäfer.

Durch die veränderten klimatischen Verhältnisse kommt es auch zu geändertem Befall mit Krankheiten und Schädlingen. Im Ackerbau wird man sich in Zukunft viel intensiver mit dem Schutz der Kulturen beschäftigen müssen, aber immerhin gibt es Schutzmöglichkeiten. Im Wald führt das Auftreten neuer Krankheiten häufig zum Aussterben ganzer Baumarten. So kam es vor einigen Jahrzehnten im Alpenraum zum Ulmensterben. Aktuell sind die heimischen Eschen von einem Pilz bedroht, sodass großflächig Eschenbestände absterben.

Ein weiteres Problem in der Landwirtschaft ist die Zunahme der extremen Starkniederschläge bei Gewittern. Dies kann einerseits zu höheren Schäden durch Hagel führen, aber noch problematischer ist die Bodenerosion. Die oberste Bodenschicht wird vor allem dann weggeschwemmt, wenn der Boden nicht durch eine geschlossene Pflanzendecke geschützt ist, etwa bei Maisäckern im Mai. Wenn der Acker auch noch geneigt ist, was im Alpenvorland faktisch überall der Fall ist, kann durch Starkniederschläge wertvoller Boden in großen Mengen abgetragen und damit langfristig die Fruchtbarkeit gestört werden.

Zusammenfassend kann festgestellt werden, dass es in der Landwirtschaft einige positive Effekte durch den Klimawandel gibt, aber durch die Zunahme von Extremereignissen und hier speziell Trockenheit werden auch diese häufig zunichte gemacht. Deshalb müssen sich die Land- und Forstwirtschaft auf deutlich stärkere Schwankungen bei den Erträgen einstellen.

TOURISMUS

Neben der Land- und Forstwirtschaft ist der Tourismus am stärksten vom Klimawandel betroffen. Der Tourismus stellt für Österreich einen unverzichtbaren Wirtschaftsfaktor dar. Rund 16 Prozent der österreichischen Wirtschaftsleistung werden in diesem Sektor erwirtschaftet und mehr als 700.000 Menschen sind dort beschäftigt. Zudem stellt er in vielen ländlichen Regionen die einzige Einnahmequelle neben der Land- und Forstwirtschaft dar.

Die meisten Menschen denken bei Klimawandel und Tourismus in Österreich sofort ans Skifahren, beziehungsweise an schneegebundene Aktivitäten, dabei ist der Tourismus in Österreich sehr vielfältig. Es gibt Sparten, die wenig witterungsabhängig sind, wie etwa der Gesundheitstourismus oder der Kongresstourismus. Diese werden natürlich auch kaum durch den Klimawandel beeinflusst. Auch der Kultur- und Städtetourismus ist nicht sehr stark vom Klimawandel betroffen, obwohl natürlich die Attraktivität der Städte während sommerlicher Hitzewellen leidet. Es könnte also zu einer saisonalen Verlagerung des Städtetourismus weg vom Hochsommer kommen. Wesentliche Teile des Österreichtourismus nutzen die landschaftlichen Schönheiten des Landes: seien es die Alpen mit ihren schneebedeckten Gipfeln und Seen, die Kulturlandschaft entlang der Donau oder in den Weinbauregionen. In diesen Landschaften bewegen sich Millionen von Touristen und für deren Freiluftaktivitäten spielt das Wetter und damit auch der Klimawandel eine wesentliche Rolle.

Grundsätzlich wirkt sich der Klimawandel für den Sommertourismus in Österreich positiv aus. Durch die Erwärmung und die länger anhaltenden Schönwetterperioden werden die Badeseen deutlich attraktiver. Da die Wassertemperaturen in den letzten Jahrzehnten sogar etwas stärker gestiegen sind als die Lufttemperatur, werden badetaugliche Wassertemperaturen bereits früher im Jahr erreicht. Einige alpine Seen sind überhaupt erst durch diese Erwärmung badetauglich geworden. Durch die Zunahme der Hitzebelastung in den Städten (siehe auch Abschnitt „Gesundheit"), werden die Alpen mit den doch kühleren Temperaturen als „Ort der Erholung" wahrgenommen. Dies gilt sowohl für den Haupturlaub als auch für Kurzurlaube und Ausflüge am Wochenende. Dieser Trend wird sich noch verstärken. Wenn es in Europa wochenlang Temperaturen über 30 °C hat und auch Extremtemperaturen jenseits der 40 °C vorkommen, wird der Wunsch, in den heißen Süden zu reisen, deutlich abnehmen. Zumal es dort ja noch heißer werden wird. Diese Chance kann der österreichische Tourismus nutzen. Ähnlich wie bei der Vegetationsperiode wird auch der Zeitraum, in dem sommerliche Freiluftaktivitäten wie Radfahren, Wandern und Reiten möglich sind, deutlich länger werden als derzeit. Es verlängert sich die Hauptsaison, aber auch die Nebensaisonen im Frühling und Herbst werden attraktiver werden. In Wien, wo bereits heute eine winterliche Schneedecke selten ist, wird sich Radfahren zu einer Ganzjahressportart entwickeln und dies wird langfristig in allen Tieflagen passieren.

Diesen positiven Effekten des Klimawandels auf den österreichischen Tourismus steht der Rückgang der natürlichen Schneedecke durch die Erwärmung gegenüber. Der schneegebundene Wintertourismus, hier vor allem das alpine Skifahren, spielt in einigen Regionen Österreichs eine zentrale Rolle. Durch die Intensität des Skitourismus und die hohen Investitionskosten sind einige Tourismusregionen von einem funktionierenden Wintertourismus abhängig geworden. Zum Beispiel sind in dem kleinen Bergdorf Ischgl, mit knapp 1.300 Einwohnern, Liftkapazitäten installiert, mit denen mehr als 90.000 Menschen pro Stunde transportiert werden können. Mehr als 1,3 Millionen Nächtigungen finden pro Jahr statt, der Großteil davon zwischen Dezember und April.

In Österreich kann in faktisch allen Skigebieten die Schneesicherheit nur durch künstliche Beschneiung sichergestellt werden. Daher sind auch 70 Prozent der österreichischen Skipisten mit Beschneiungseinrichtungen ausgestattet. Dadurch kann heute eine hinreichend lange, wirtschaftlich vertretbare Skisaison erzielt werden. Es gibt die Faustregel, dass ein Skigebiet 100 Tage im Jahr offen sein muss, um rentabel zu sein. Nur so können die hohen Investitionskosten in die Infrastruktur (Seilbahnen, Beschneiungsanlagen, Lawinensicherungen, Fuhrpark etc.) erwirtschaftet werden. Viele Skigebiete sind damit in einem Teufelskreis gefangen. Um den heutigen Standards beim Skifahren gerecht zu werden, muss in die Infrastruktur investiert werden. Um diese Investitionen abzusichern, müssen die Beschneiungsanlagen nachgerüstet werden, und damit steigen wiederum die Investitionskosten. Da im Tourismus ein hoher Fremdkapitalanteil herrscht, also viel mittels Krediten finanziert wird, steigt somit die Notwendigkeit, dass jede Skisaison genug erwirtschaftet, um diese Kredite zu bedienen.

Die Kapazitäten der heutigen Beschneiungsanlagen sind so hoch, dass damit für den Großteil der Winter Schneesicherheit für zumindest 100 Tage garantiert werden kann. Dies gilt auch für eine weitere Erwärmung von 1 bis 2 Grad. Der Winter ist bei uns jedoch die Jahreszeit mit den größten Schwankungen von Jahr zu Jahr. Es können daher jederzeit Winter vorkommen, in denen es so warm ist, dass auf dem Großteil der Skipisten keine Beschneiung möglich ist. Besonders das Weihnachtsgeschäft ist gefährdet, da es im Gebirge im Dezember noch deutlich wärmer ist als im Jänner oder Februar. Die meisten Skigebiete können den Ausfall eines Teils einer Saison verkraften, sollten jedoch einmal zwei außergewöhnliche Winter hintereinander vorkommen, wird es sicherlich für einige Gebiete finanziell kritisch.

Das Betreiben von niedrig gelegenen Skigebieten gleicht daher einem Hasardspiel, bei dem die Einsätze immer höher werden. Gleichzeitig nimmt das Risiko, dass Extremwinter auftreten, in denen es zu warm für die Beschneiung ist, wegen des Klimawandels laufend zu. Es gilt als legitim, dass Privatfirmen ein derartiges Geschäftsrisiko auf sich nehmen. Es werden aber auch viele öffentliche Mittel über Förderungen in den Wintertourismus gesteckt. Bei dieser Fördervergabe sollten auch längerfristige Überlegungen eine Rolle spielen, und es muss auch die Frage erlaubt sein, wie viele Skigebiete ein Bundesland oder Österreich eigentlich braucht.

Besonders problematisch wird es für Skigebiete, wenn der Temperaturanstieg über 2 Grad hinausgeht. Dann wird es häufig auch im Winter bis auf 1.500 Meter Seehöhe und darüber hinaus regnen. Wenn also nennenswerte Pistenanteile unterhalb dieser Marke liegen, speziell die Mittelstationen, nützt es auch wenig, wenn Kunstschnee auf der Skipiste liegt, da es sehr unattraktiv ist, bei Regen Ski zu fahren. Von dieser Entwicklung sind besonders niedrig gelegene Skigebiete im Nordstau der Alpen betroffen. Diese häufig auch als „Schneelöcher" bezeichneten Skigebiete werden dann zu „Regenlöchern". Gerade diese Skigebiete müssten das größte Interesse haben, dass es gelingt, das Pariser 2-Grad-Ziel zu erreichen, damit ihre langfristige Existenz nicht gefährdet ist.

Der Tourismus ist aber nicht nur durch die Auswirkungen des Klimawandels betroffen, sondern ist auch ein wesentlicher Verursacher von Treibhausgasemissionen. Weltweit werden rund 9 Prozent der Treibhausgase durch touristische Aktivitäten ausgestoßen. Hierbei spielt der Personentransport eine wesentliche Rolle, vor allem der private Pkw-Verkehr und Flugreisen. Neben der Anreise sind aber auch energieintensive Aktivitäten relevant. Hierzu zählen in Österreich vor allem der Wellnesstourismus und das alpine Skifahren. Auch die Tourismuswirtschaft wird ihren Beitrag zum Erreichen des 2-Grad-Ziels leisten müssen. Sie kann in vielen Bereichen einsparen, aber letztlich wird der Beitrag erst dann relevante Größe erreichen, wenn die energieintensiven Aktivitäten, und hier speziell das Fliegen, etwa durch Kerosinsteuern oder Umweltzuschläge deutlich verteuert, gesellschaftlich mehr infrage gestellt oder ökologische Parallelwährungen eingeführt werden. Ähnlich wie beim Zertifikathandel könnte den Einzelnen ein Gutscheinheft für Emissionen oder Ressourcenverbrauch zugeteilt werden; wenn dieses aufgebraucht ist, kann eine Leistung nicht gekauft werden, selbst wenn genug Geld verfügbar ist.

GESUNDHEIT

Kaum jemand denkt beim Thema Klimawandel an gesundheitliche Folgen, dennoch muss man auch bei uns in Österreich mit gravierenden Entwicklungen rechnen. Besonders problematisch ist bei uns die Hitzebelastung. In Kapitel 2 wurde die rasche Zunahme der Hitzetage dargestellt, mit rund 40 Hitzetagen in Wien in den Jahren 2003, 2015, 2017 und 2018. Wie gefährlich Hitze auch bei uns in Mitteleuropa sein kann, ist den meisten Menschen nicht bewusst. Die *Agentur für Gesundheit und Ernährungssicherheit* (AGES) führt seit Kurzem eine europaweit standardisierte Berechnung der Hitzetoten in Österreich durch. Für das Jahr 2017, in dem es fünf Hitzewellen gab, kommt die AGES auf 586 Hitzetote in Österreich. Damit gab es deutlich mehr Hitzetote als Opfer im Straßenverkehr (413).

Besonders belastend sind Hitzewellen, bei denen es in der Nacht nicht mehr richtig abkühlt. Tropennächte mit Temperaturen über 20 Grad sind heute noch ein Stadtphänomen. In Wien sind sie inzwischen schon so häufig, dass oft mehrere Tage hintereinander die Nachttemperatur nicht richtig absinkt (siehe Abbildung 4-1). Aus Klimaszenarien wurde die Häufigkeit von Tropennächten für das Ende des 21. Jahrhunderts für Österreich berechnet, wenn kein Klimaschutz stattfindet. In den wärmsten Regionen Österreichs sind dann 30 Tropennächte pro Jahr normal und es sind auch die ländlichen Regionen im Flachland und den alpinen Tälern davon betroffen.

Wegen der Zunahme der Hitzebelastung durch den Klimawandel und dem gleichzeitigen Anwachsen der Städte werden in Zukunft deutlich mehr Menschen von der Hitzebelastung betroffen sein als heute. Sie ist auch nicht gleichmäßig auf die Menschen verteilt. Ärmere Bevölkerungsgruppen sind deutlich stärker davon betroffen. Diese leben häufig in dicht verbautem Gebiet ohne nennenswerte Grünflächen. Diese Gebiete heizen sich untertags besonders stark auf. Gleichzeitig leben sie in älteren Häusern, die nicht oder nur schlecht isoliert sind. Diese Gebäude erhitzen sich stark. Wenn dann durch die fehlende nächtliche Abkühlung ein Lüften in der Nacht kaum möglich ist, verstärkt sich der Hitzestress massiv.

TROPENNÄCHTE IN WIEN HOHE WARTE

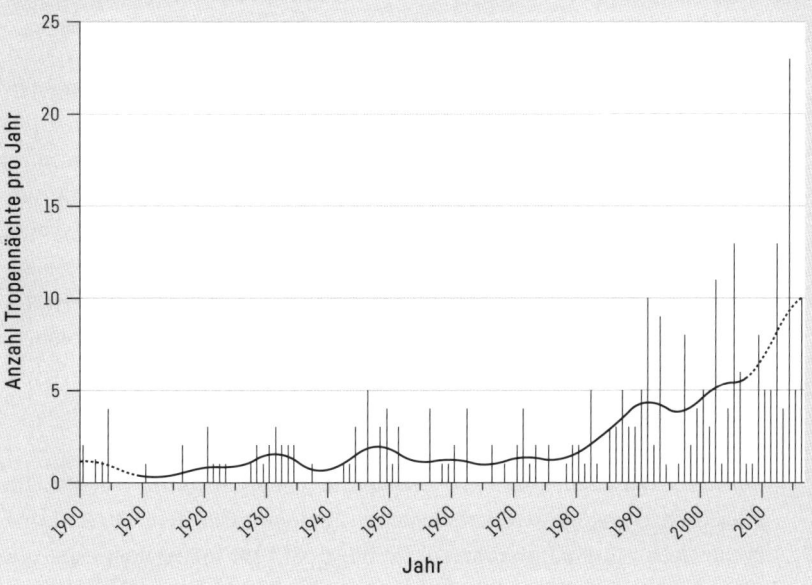

↑ **Abbildung 4-1:** Entwicklung der Tropennächte mit Temperaturen über 20 °C in Wien Hohe Warte seit Beginn des 20. Jahrhunderts. In innerstädtischen Bereichen ist die Situation noch prekärer. [6]

Durch die Erwärmung werden Hygienestandards und Kühlketten im Handel, bei der Lebensmittelverarbeitung, aber auch bei der Trinkwasserversorgung wichtiger werden, da die Gefahr von Verkeimung zunimmt. Auch Insekten profitieren von den wärmeren Temperaturen. Dies führt dazu, dass Mückenarten bei uns heimisch werden, die schwere tropische Krankheiten wie Denguefieber oder Malaria übertragen können. Die Gefahr, dass derartige Krankheiten sich bei uns verbreiten, wird – wie schon in Kapitel 2 ausgeführt – jedoch gering bleiben, da wir ein gut funktionierendes Gesundheitssystem haben. Erkrankte Personen werden bei uns sofort behandelt und bei Bedarf isoliert. Dadurch haben die Stechmücken wenig Gelegenheit, erkrankte Personen zu stechen. Nur wenn dies geschieht, sind sie in der Lage, die Krankheit zu übertragen.

NATURKATASTROPHEN

Witterungsbedingte Naturkatastrophen werden überwiegend durch Extremereignisse verursacht, wobei in Österreich vor allem Ereignisse in Zusammenhang mit Niederschlag relevant sind. Zur Entwicklung der Hochwasserereignisse an großen Flüssen wie der Donau kann man heute noch keine belastbaren Aussagen treffen. Zwar nimmt die Niederschlagsmenge von mehrtägigen Niederschlagsereignissen etwas zu, aber bei den schadensverursachenden Ereignissen müssen meist mehrere Faktoren zusammenspielen, wie etwa starker Niederschlag und Schneeschmelze im Gebirge. Auch die Vorfeuchte des Bodens kann eine wichtige Rolle spielen. Für Österreich geht man eher von einer saisonalen Verlagerung der Hochwasser aus und nicht unbedingt von einer Zunahme.

Anders ist es bei kleinräumigen Starkniederschlägen, die Sturzfluten und Muren auslösen können. Bei diesen von heftigen Gewittern ausgelösten Ereignissen wird die Niederschlagsintensität zunehmen, und zwar um etwa 10 Prozent pro Grad Erwärmung. Dies wird zu erhöhtem Hochwasserrisiko entlang kleiner Bäche und in Siedlungen am Fuße von Hängen führen. Aber auch Bodenerosion in der Landwirtschaft wird häufiger auftreten. Besonders Entwässerungssysteme wie Dachrinnen, Kanäle und Straßendurchlässe könnten in Zukunft mit den Wassermassen nicht mehr fertig werden.

Im Hochgebirge muss man mit einer Zunahme von Steinschlag, Felsstürzen und eventuell sogar dem Abrutschen ganzer Hänge rechnen. Dies liegt am Abschmelzen des Permafrostes. Diese ganzjährig gefrorenen Böden können in Österreich ab Seehöhen von über 2.500 Metern vorkommen. Dann wird bisher festgefrorenes Gestein lose. Eis in Felsen kann schmelzen, tiefer in Ritzen eindringen und beim neuerlichen Gefrieren Felsen zerklüften. Auch sich zurückziehende Gletscher hinterlassen loses Gestein. Bereits heute müssen viele beliebte Kletterrouten entweder gesperrt oder aufwendig von gelockertem Gestein befreit werden. Es können aber auch hochwertige Infrastrukturen wie Straßen, Seilbahnen, Stromleitungen, Stauseen etc. davon betroffen sein.

ANDERE BEREICHE

Bei der Versorgung Österreichs mit heimischen, erneuerbaren Energien muss bedacht werden, dass der Klimawandel die Ausbeute von Wasserkraft voraussichtlich verringern wird, Solarenergie aber reichlicher vorhanden sein wird als bisher. Bei der Biomasse ist die Entwicklung weniger klar – vermutlich werden die Erträge von Jahr zu Jahr stark schwanken. Die Bauwirtschaft wird eher profitieren, da die Zahl der Tage, an denen im Freien gearbeitet werden kann, eher zunehmen wird. Allerdings könnten außer Regentagen auch Hitzetage zu Ausfällen führen. Die Versicherungswirtschaft leidet schon jetzt unter der steigenden Zahl von Versicherungsfällen. Es ist kein Zufall, dass die Österreichische Hagelversicherung zu den frühen und konstanten Mahnerinnen vor den Gefahren des Klimawandels gehört. Die Versicherungen reagieren mit höheren Prämien oder umfangreicheren Selbstbehalten.

Globale Entwicklungen,
die auf uns zurückwirken

Die Auswirkungen des Klimawandels in Österreich werden vielfältig sein, und es wird keinen Lebensbereich geben, bei dem keine Veränderungen stattfinden. Es gibt aber auch Auswirkungen des Klimawandels, die nicht direkt bei uns auftreten, aber dennoch auf Österreich zurückwirken.

Ein Beispiel hierfür ist das Abschmelzen des arktischen Meereises. Anders als die Eisschilde an Land in Grönland und der Antarktis, die mehrere Kilometer dick sind, ist das Meereis in der Arktis nur wenige Meter dick. Dadurch können Veränderungen sehr rasch ablaufen. Innerhalb der letzten 20 Jahre ist die Ausdehnung des arktischen Meereises am Ende der Sommersaison um rund 40 Prozent zurückgegangen. Dadurch verwandelten sich mehr als drei Millionen Quadratkilometer Meereis in Wasser. Im Mittel schmilzt jedes Jahr die Fläche von Österreich in der Arktis ab. Wir sind zweifach von dieser Veränderung betroffen. Das arktische Meereis ist, wie in Kapitel 2 erwähnt, ein wichtiger Rückkopplungsfaktor. Meereis reflektiert den Großteil der einfallenden Sonnenstrahlung zurück in den Weltraum, Meerwasser hingegen absorbiert mehr als 90 Prozent der Sonnenstrahlung und wandelt diese Energie in Wärme um. Dadurch beschleunigt der Meereisrückgang die globale Erwärmung und damit auch den Temperaturanstieg bei uns.

Die Verteilung an Eis und freier Wasseroberfläche in der Arktis wirkt sich aber auch auf die Lage der großräumigen Hoch- und Tiefdrucksysteme auf der Nordhalbkugel aus. Wenn sich diese verändern, stellen sich auch die Wettersysteme um. Einige Studien gehen davon aus, dass es durch den Meereisrückgang häufiger zu stationären Verhältnissen kommt. Dies bedeutet, dass die Hoch- und Tiefdrucksysteme lange am selben Ort verweilen. Damit verursachen sie lang anhaltend gleichbleibendes Wetter und dies birgt ein höheres Risiko von Extremereignissen. Wenn es lange regnet, steigt das Risiko für Überschwemmungen und bei lang anhaltendem Schönwetter das von Trockenheit.

Ein weiteres außereuropäisches Phänomen mit Auswirkungen auf Europa ist die Wüstenbildung, die in Teilen von Afrika, aber auch Asien beobachtet werden kann. Häufig entsteht sie durch ein Zusammenspiel von ungewöhnlichen Witterungsabläufen und einer zu intensiven oder falschen Nutzung der Böden. In Afrika tritt Wüstenbildung häufig an den Rändern der bereits bestehenden Wüsten auf. Mitverantwortlich ist sicherlich auch die rasche Bevölkerungszunahme, welche zu einer Übernutzung des Bodens und teilweise auch Entwaldung führt. Da in diesen Regionen die Lebensmittelversorgung überwiegend durch den eigenen Anbau auf kleinen Feldern erfolgt, führen Missernten sehr häufig zu Lebensmittelknappheit. Wenn die Lebensmittelknappheit zu lange andauert oder mehrere Jahre nacheinander auftritt, wird die Bevölkerung zum Abwandern gezwungen, da sie ansonsten verhungern würde.

Wüstenbildung ist damit ein Auslöser von Migrationsbewegungen in Afrika. Diese sind nicht selten die Ursache für bewaffnete Konflikte, welche die

Abwanderung wiederum verstärken. In den letzten Jahren versuchen immer mehr Menschen von Afrika nach Europa zu kommen, um den teilweise menschenunwürdigen Verhältnissen in ihren Heimatländern zu entgehen. Spätestens dann wird das Migrationsproblem auch unser Problem. Der Klimawandel verschärft bestehende Missstände und Probleme und trägt damit zu Migrationsbewegungen bei. Dies wird sich in den nächsten Jahrzehnten weltweit massiv verstärken und damit auch alle Probleme, die damit verbunden sind.

Ein weiterer Faktor, der massive Wanderbewegungen auslösen wird, ist der Meeresspiegelanstieg. Dieser beträgt rund 20 Zentimeter seit Beginn des 20. Jahrhunderts. Derzeit steigt der Meeresspiegel um etwa vier Millimeter pro Jahr, wobei der Anstieg sich in den letzten Jahren deutlich beschleunigt hat. Wenn es keine bösen Überraschungen gibt, müssen wir von einem weiteren Meeresspiegelanstieg von mindestens einem halben bis einen Meter bis zum Ende des Jahrhunderts ausgehen. Alleine dieser Anstieg wird bei vielen Hafenstädten massive Kosten für den Hochwasserschutz verursachen. In vielen Städten wird es gar nicht möglich sein, diesen zu finanzieren, und es wird zu Verlagerungen von ganzen Städten und Stadtteilen kommen. Besonders betroffen, weil praktisch nicht zu schützen, sind flache Flussdeltas wie das Nildelta in Afrika, das Ganges-Brahmaputra-Delta und das Mekong-Delta in Asien sowie das Mississippi-Delta in Nordamerika.

Jedoch nicht nur der gestiegene Wasserspiegel ist das Problem. Der Anstieg allein führt dazu, dass Salzwasser weiter in das Grundwasser landeinwärts eindringt und zu Versalzung führt. Dadurch kann dieses nicht mehr für die Bewässerung verwendet werden und viele küstennahe Ackerflächen werden für die Landwirtschaft unbrauchbar werden.

Neben diesem kontinuierlichen Meeresspiegelanstieg, der durch die Wärmeausdehnung des Wassers sowie das Schmelzen der weltweiten Eismassen in Gletschern und Eisschilden verursacht wird, könnten andere Prozesse den Anstieg des Meeresspiegels rasant beschleunigen. Die großen Eisschilde in der Antarktis und Grönland verlieren Eis nicht nur durch

Schmelzen, sondern auch durch das „Kalben", also das Abbrechen von Eismassen, wenn der Gletscher in das Meer vordringt. In den letzten Jahren wurde eine starke Zunahme der Fließgeschwindigkeit der Gletscher in Grönland sowie am Westantarktischen Eisschild beobachtet. Es besteht die Gefahr, dass diese beiden Eisschilde instabil werden und große Eismassen innerhalb weniger Jahre ins Meer fließen. Wenn dies geschieht, könnte der Meeresspiegel in diesem Jahrhundert sogar um mehrere Meter ansteigen. Allein auf Grönland lagert genug Eis, um den Meeresspiegel um mehr als sechs Meter anzuheben.

Wenn wir die Auswirkungen des Klimawandels betrachten, dürfen wir daher nicht nur auf die Entwicklungen bei uns in Österreich und Europa schauen. Wenn sich die Lebensbedingungen in großen Regionen der Erde verschlechtern, wird dies letztlich auch bei uns Auswirkungen haben.

05

DA KANN MAN HALT NIX MACHEN?

Warum die Skepsis?

/

**Welche Möglichkeiten gibt es
für Emissionsreduktionen?**

/

**Die Menschen sind Anpassungskünstler,
aber gibt es Grenzen?**

/

**Kann die Technik wirklich
jedes Problem lösen?**

In der öffentlichen Diskussion hat man oft den Eindruck, dass eine Reduktion der Treibhausgase automatisch mit einem wirtschaftlichen Niedergang und dem Verlust von Lebensqualität einhergeht. Dieser Eindruck basiert einerseits auf einem unzulässigen Umkehrschluss: Weil der Wohlstandsgewinn der letzten Jahrzehnte mit einem Anstieg des Energieverbrauches und dieser wiederum mit dem Anstieg der Emissionen verbunden war, können Emissionsreduktionen nur zu Wohlstandsverlust führen. Andererseits scheint die öffentliche Diskussion bewusst von Vertretern der fossilen Energie in diese Richtung gesteuert zu werden.

Der Einfluss der Klimawandelleugner ist in den letzten Jahren, auch durch Donald Trump und seine Aktivitäten, wieder deutlich angestiegen. Das Leugnen des Klimawandels hat in den konservativen Kreisen der USA aber eine lange Tradition. Dabei geht es vielen der Leugner gar nicht um das Klima, sondern um den Einfluss des Staates auf die Wirtschaft. Sie gehen davon aus, dass es für die Menschen am besten ist, wenn sich der Staat nicht in die Angelegenheiten der Firmen und Unternehmen einmischt – frei nach dem Motto „Geht's der Wirtschaft gut, geht's den Menschen gut", jedoch in einer sehr extremen Form. Es sollen möglichst keine Sozialstandards definiert oder Umweltauflagen gemacht werden dürfen. In Europa werden diese Ideen von den rechtskonservativen und wirtschaftsliberalen Parteien aufgegriffen. Auch in Österreich meldet sich die FPÖ immer wieder mit wissenschaftlich fragwürdigen Aussagen zum Klimawandel zu Wort. Klimaschutz benötigt jedoch internationale Vereinbarungen sowie ein gemeinsames und einigermaßen gleichzeitiges Vorgehen aller Nationen.

Heute wird gegen den Klimaschutz mit denselben Mitteln vorgegangen wie in den letzten Jahrzehnten gegen den Nichtraucherschutz. Hier wurde auch jahrzehntelang behauptet, dass es nicht erwiesen sei, dass Rauchen der Gesundheit schade, selbst als dieses Thema in der Wissenschaft gar nicht mehr diskutiert wurde. Diese Zweifel wurden mit Unsummen an Geld beworben und durch gekaufte „Experten" verbreitet, mit dem einzigen Ziel, Einschränkungen für die Tabakindustrie so lange wie möglich zu verhindern. Dasselbe geschieht heute beim Klimaschutz, teilweise sogar durch dieselben Institutionen und Personen.

Die Botschaften, die verbreitet werden, sind je nach Gelegenheit unterschiedlich. Einmal wird behauptet, dass es gar keinen Klimawandel gebe, dann wieder, dass es diesen zwar gibt, aber nicht der Mensch, sondern die Sonne oder andere natürliche Faktoren dafür verantwortlich seien. Dabei geht es gar nicht darum, die eigenen Aussagen zu beweisen, sondern nur darum, Zweifel zu säen. Wenn eine Aussage überhaupt nicht mehr haltbar ist, wechselt man halt zu einer anderen. In Europa wird der Klimawandel meist nicht mehr geleugnet, doch es wird alles versucht, um das Umsetzen von klimaschützenden Maßnahmen zu verhindern. Ein Mittel hierfür ist, die Stimmung zu verbreiten, dass es nicht möglich sei, die Pariser Klimaziele zu erreichen. Aus naturwissenschaftlicher sowie technischer Sicht gibt es überhaupt keine Zweifel daran, dass dies möglich ist. Es sind alle technischen Methoden vorhanden, um die Energieproduktion von fossiler Energie auf erneuerbare Energie umzustellen.

Auch das sehr lange gültige Preisargument – erneuerbare Energie sei wesentlich teurer – stimmt heute so nicht mehr. Mit der aktuellen Technologie ist Fotovoltaik preislich mehr als konkurrenzfähig, sodass die fossile Energie und auch Atomstrom bereits durch staatliche Förderungen gestützt werden müssen. Es ist also nicht so, dass wir auf grundlegende neue Erkenntnisse der Forschung und Technik warten müssten. Es stimmt aber auch, dass es große Umstellungen bei der Energiebereitstellung und -verteilung geben muss, damit dieser Umstieg gelingen kann. Damit können wir aber jederzeit beginnen.

Die Waage neigt sich zugunsten der erneuerbaren Energien

Kann sich die erneuerbare Energie gegenüber der fossilen bei den derzeitigen Wirtschaftsverhältnissen durchsetzen? Gehört die Zukunft nicht dem Schieferöl? Fracking hat doch enorme neue Erdölmengen zugänglich gemacht? In der Tat scheint dies der Fall zu sein. Aus den Ölfeldern der USA in Dakota, Ohio wurden bis 2017 rund acht Milliarden Barrel Öl gewonnen und die Produktion ist immer noch steigend. Bei genauerer Betrachtung zeigt sich jedoch, dass sich diese Ölproduktion bei Ölpreisen zwischen 50 Dollar und 100 Dollar pro Barrel nicht lohnt. Viel rascher als bei konventionellem Öl sinkt bei diesen Anlagen die Produktion. Innerhalb der nächsten zwei bis drei Jahre wird die Produktion um 50 bis 75 Prozent zurückgehen, wenn nicht neue Investitionen für neue Bohrungen getätigt werden, die dann wieder ein Plus an Produktion bewirken. Es wird praktisch mit neuen Investitionen das Defizit der bestehenden finanziert. Der Ölpreis müsste deutlich über 100 Dollar steigen, um die Schieferölfirmen profitabel zu machen. Von den 20 großen Firmen, die die vier größten Lagerstätten der USA ausbeuten, machten nur fünf (eher geringe?) Gewinne, die anderen häufen Schulden auf Schulden. Je niedriger der Ölpreis, desto weniger lohnt das Geschäft. Wie lange Investoren noch bereit sind, in ein derartiges Defizitgeschäft zu investieren, bleibt abzuwarten.

Die erneuerbare Energie erlaubt es hingegen auch Einzelpersonen und Kleinbetrieben, zu Energieproduzenten zu werden. Deren dezentrale Produktion bietet viele Vorteile, unter anderem auch die Selbstorganisation der Akteure auf lokaler und regionaler Ebene. Zahlreiche Initiativen in Deutschland, besonders in Bayern, haben auf regionaler Ebene die Energiewende von unten angeschoben und innovative Potenziale für die gesamtdeutsche Energiewende geliefert. Vielfach sind diese Initiativen auf zivilgesellschaftliches Engagement gegründet und haben sich zum Teil über die Jahre zunehmend professionalisiert. So sind zahlreiche Erneuerbare-Energie-Regionen entstanden, die sich das Ziel der vollständigen dezentralen Energieversorgung aus erneuerbaren Energien und damit ambitioniertere Ausbauziele als die der Bundes- oder Landesregierungen gesetzt haben. Deren Motive sind nicht nur Chancen zu regionaler Wertschöpfung, sondern auch Hoffnungen auf eine Demokratisierung der Energieerzeugung und -nutzung durch kleinteiligere technische und soziale Strukturen im Energiesystem.

Im Zusammenspiel mit diesen lokalen Basisinitiativen bildete das *Erneuerbare Energie Gesetz* (EEG) in Deutschland seit dem Jahr 2000 über finanzielle Anreize die Geschäftsgrundlage für den dezentralen Ausbau erneuerbarer Energien in Deutschland. Die garantierte Einspeisevergütung und die relativ leichte Umsetzbarkeit machten Investitionen in erneuerbare Energien ab 2000 auch für Einzelpersonen, Energiegenossenschaften, kleine und mittlere Stadtwerke attraktiv, während die großen Energieversorger nur wenig in erneuerbare Energien investierten. 2016 waren 42 Prozent der Erneuerbare-Energie-Anlagen in Deutschland in der Hand von Privatleuten (inkl. Energiegenossenschaften) und Landwirten.

Derzeit sehen sich jedoch viele Initiativen mit Hemmnissen konfrontiert, die den Ausbau erneuerbarer Energien auf regionaler Ebene erschweren: Die Novellierungen des *Erneuerbare Energie Gesetzes* (EEG) ab 2012 und dessen Umstellung auf das Ausschreibungsverfahren 2016 haben zu einem Einbruch des dezentralen Ausbaus erneuerbarer Energien – insbesondere bei Fotovoltaik- und Biogasanlagen – geführt. So verfehlte Deutschland 2017 das im EEG festgelegte jährliche Ausbauziel beim Fotovoltaikausbau deutlich, bei Biogas ist der Ausbau fast zum Erliegen gekommen und aufgrund des bayerischen Abstandsgesetzes 10H (der Abstand von Windrädern zu den nächsten Gebäuden muss dem Zehnfachen ihrer Höhe entsprechen) herrscht Stillstand beim Ausbau der Windkraft. Damit wurde die „Bürgerenergiewende" deutlich geschwächt; das zeigt sich auch an den seit mehreren Jahren rückläufigen Gründungszahlen von Energiegenossenschaften.

Gleichzeitig wurden mit dem verstärkten Ausbau erneuerbarer Energien auch die lokalen Konflikte um den Bau von Anlagen zahlreicher. Lokale Natur- und Umweltschutzgruppen, betroffene Anwohner und Tourismusvertreter versuchen häufig, den Bau von größeren Erneuerbare-Energie-Anlagen zu verhindern. Windräder seien nicht schön, gefährlich für Vögel und es entstehe mittelfristig jede Menge Plastikmüll, Wasserkraft zerstöre die Lebensräume von Fischen, Mais- oder Rapsfelder für Biomasse als Energieträger verursachten Biodiversitätswüsten und die Erzeugung von Fotovoltaikpaneelen verbrauche mehr Energie, als daraus je erzeugt werden könne, so die gängigen Argumente.

Wie in vielen anderen Bereichen der Transformation ist es auch hier wichtig, Fakten und Mythen zu unterscheiden. Keine Frage – auch die erneuerbaren Energien haben Nachteile und ein Windrad ist nicht jedermanns Geschmack. Es sind eben, wie bei so vielen Dingen, Interessenabwägungen notwendig. Die Vogelproblematik ist sehr standortabhängig – bei manchen Windrädern spielt sie gar keine Rolle, andere stellen tatsächlich eine Gefahr für gewisse Vogelarten dar. Hier wäre ein Vergleich mit der Zahl der Vögel, die jährlich durch Hauskatzen erlegt werden, interessant. Die Wiederverwertung der Kunststoffflügel ist eine Herausforderung, die gelöst werden muss – aber der Berg Kunststoffflügel, der bis dahin entsteht, ist sicher weniger problematisch für die Umwelt, als es der verstärkte Klimawandel ohne erneuerbare Energien wäre. Ähnliches gilt im Übrigen auch für die Batterien, die in der e-Mobilität entstehen. Auch hier muss eine bessere technische Lösung gefunden werden, aber deswegen zuzuwarten wäre der falsche Weg.

Bei der Wasserkraft heißt es tatsächlich vorsichtig sein, denn in Österreich sind zum Beispiel nur mehr etwa 17 Prozent der Flussläufe noch einigermaßen natürliche Gewässer. Gerade in Österreich ist auch das Potenzial der noch nicht ausgebauten Wasserkraft sehr gering – eine Interessenabwägung ginge hier in der Regel gegen die Wasserkraft aus. Biomasse als Energieträger hat große Bedeutung, weil diese Energie speicherbar ist. Der Wind und die Sonne liefern viel Energie, aber nicht nach Belieben zu jeder Zeit. Erfreulicherweise findet zwischen den beiden ein gewisser Ausgleich statt: Wenn die Sonne scheint, ist oft Flaute, andererseits weht der Wind besonders dann, wenn Wolken die Sonne verdecken. Trotzdem sind Energiespeicher vonnöten. Biomasse kann gut gespeichert werden und steht dann zur Verfügung, wenn sie gebraucht wird. Das ist aber kein Grund, riesige Flächen von Monokulturen anzulegen. Was den hohen Energiebedarf zur Herstellung von Fotovoltaikpaneelen betrifft, so stimmt die Aussage einfach nicht. Sie ist durch Millionen von Anlagen weltweit widerlegt, hält sich aber dennoch hartnäckig. Da müssen wirtschaftliche Interessen dahinter vermutet werden.

Emissionen können aber nicht nur durch Umstieg auf erneuerbare Energien eingespart werden, sondern auch durch Effizienzsteigerungen, durch Änderungen in der Bodennutzung und Bodenbearbeitung sowie durch geringeren Bedarf. Mit Letzterem werden wir uns im letzten Kapitel dieses Buches beschäftigen. Effizienzsteigerung bedeutet, dass dieselbe Leistung mit weniger Energieaufwand erzielt wird. Sie wäre eigentlich eine Maßnahme, bei der sowohl die Umwelt als auch der Betreiber der Anlage – sei es ein Auto, ein Kühlschrank, ein Haus oder eine Fabrik – gewinnen beziehungsweise Geld sparen können. Untersuchungen zeigen, dass kurz- und mittelfristig mit Effizienzmaßnahmen mehr Treibhausgase eingespart werden können als mit dem Umstieg auf Erneuerbare. Trotzdem geschieht hier vergleichsweise wenig – möglicherweise, weil keine große Lobby da ist, die dafür eintritt, aber auch, weil effizientere Maschinen, Geräte etc. in der Anschaffung etwas teurer sein können. Diese Mehrkosten werden durch den sparsameren Betrieb meist leicht wettgemacht, aber Verkäufer nennen typischerweise immer nur den Anschaffungspreis.

Anpassung an den Klimawandel: *Ja, aber es gibt Grenzen!*

Menschen sind Meister in der Anpassung an unterschiedliche Umweltbedingungen. Wir sind Kinder der Eiszeit und konnten in der Vergangenheit – natürlich teilweise mit Verlust an Leben und Lebensqualität – mit den klimatischen Veränderungen fertigwerden. Zudem ist der Mensch das einzige Lebewesen, das alle Klimaregionen der Erde, von den arktischen Regionen Sibiriens und Kanadas bis zu den tropischen Regenwäldern in Südamerika und Afrika, von den Gebirgsregionen des Himalaja und der Anden bis zu den großen Wüsten dieser Welt, bewohnt. Warum sollte also der kommende Klimawandel unsere Anpassungsfähigkeit überschreiten?

Hier muss klargestellt werden, dass es beim Klimawandel nicht darum geht, dass die Menschheit ausstirbt oder gar die Welt untergeht. Selbst wenn 99 Prozent der heute lebenden Menschen ausstürben, was durch den Klimawandel kurz- und mittelfristig nicht zu erwarten ist, würden noch immer 75 Millionen Menschen leben, und dies wäre deutlich mehr als die etwa fünf Millionen Menschen, die es vor 10.000 Jahren zu Beginn der kulturellen Entwicklung gab (siehe auch Kapitel 8). Auch einen Übergang in eine neue Warmzeit ohne Vereisung an den Polkappen würde die Menschheit als Spezies überstehen, selbst wenn es zu einem ähnlichen Massensterben wie beim Übergang vom Perm zum Trias kommen sollte (siehe auch Kapitel 3). Unsere Zivilisation wäre jedoch ernsthaft gefährdet. Sollte diese Klimakrise zusätzlich einen nuklearen Schlagabtausch der Supermächte auslösen, könnte es jedoch eng werden.

Es geht also nicht um das blanke Überleben der Spezies Mensch, sondern darum, dass der Klimawandel die Rahmenbedingungen für unsere sozialen und wirtschaftlichen Aktivitäten verändert sowie die Gunst- und Ungunstlagen für diese regional verschieben wird. In vielen Regionen der Erde wird eine Anpassung an das sich ändernde Klima für die meisten Aktivitäten mit mehr oder weniger hohem Aufwand möglich sein. In einigen Fällen wird dies jedoch nicht gelingen. Dadurch werden diese Regionen entweder unattraktiver oder sogar unbewohnbar für die dort lebenden Menschen, was, wie erwähnt, zu Abwanderungsbewegungen führen wird. Migrationsbewegungen sowie Konflikte um natürliche Ressourcen – und hier vor allem um Wasser – sind schwerwiegende Probleme, die in den nächsten Jahrzehnten durch den Klimawandel ausgelöst werden. Anpassung an den Klimawandel werden wir auf jeden Fall betreiben müssen. Einen weiteren Temperaturanstieg von etwa einem Grad, der lokal auch deutlich stärker ausfallen kann, können wir nicht mehr verhindern und mit den daraus resultierenden Veränderungen müssen wir umgehen lernen. Es ist aber für die Anpassungsmöglichkeiten nicht egal, wie stark die klimatischen Veränderungen sein werden und vor allem auch wie rasch diese erfolgen.

Zum Thema Hitzebelastung wurde hier bereits einiges gesagt. Diese ist in den Städten besonders hoch, da die Abkühlung während der Nacht durch die in den Gebäuden gespeicherte Wärme reduziert wird. Zur nachhaltigen Anpassung unserer Städte an den Klimawandel gehört die thermische Sanierung der älteren Gebäude und die Nutzung von passiven Kühlsystemen wie das nächtliche Lüften. Dieses Lüften macht jedoch nur Sinn, wenn die Außentemperatur kühler ist als die angestrebte Temperatur im Inneren des Gebäudes.

In Wien haben wir in den letzten Sommern bereits Nächte erlebt, in denen die Temperatur im Stadtzentrum nicht unter 25 °C abgesunken ist. In der bisher heißesten Nacht sank sie nur knapp unter 27 °C. Alle Klimaszenarien zeigen nun, dass die Temperaturextreme ähnlich stark und die Temperaturminima teilweise sogar stärker steigen als die Temperaturmittel. Damit müssten wir bei einem weiteren Temperaturanstieg von vier Grad in Zukunft mit einzelnen Nächten mit Minimumtemperaturen über 30 °C in der Nacht rechnen und Werte um 28 °C würden sogar recht häufig im Sommer in der Wiener Innenstadt vorkommen. Damit wird ein nächtliches Lüften in derartigen Nächten jedoch kontraproduktiv, da sich die Innenwände durch das Lüften ja auf zumindest 28 °C aufwärmen würden. Eine derartig starke Erwärmung würde faktisch das Bewohnen von Gründerzeitbauten in der Wiener Innenstadt ohne technische Kühleinrichtungen im Sommer unmöglich machen.

Ein etwas extremeres Beispiel zum Thema Meeresspiegelanstieg: Der Großraum London ist derzeit die Heimat von etwa neun Millionen Menschen. London liegt an der Themse und nur geringfügig über dem Meeresspiegel, sodass der Wasserstand der Themse hier durch Ebbe und Flut beeinflusst wird. Wissenschaftler aus Oxford haben nun berechnet, dass der Großraum London bis zu einem Meeresspiegelanstieg von fünf Metern durch technische Maßnahmen geschützt werden kann, wobei diese, je höher der Anstieg ist, umso teurer werden. Überschreitet der Meeresspiegelanstieg jedoch diese Marke, muss der gesamte Großraum geräumt werden.

Natürlich ist ein Meeresspiegelanstieg von fünf Metern nicht etwas, was in ein paar Jahren eintreten wird. Wenn man nur die thermische Ausdehnung und das Abschmelzen der Gletscher und Eisschilde betrachtet, muss man von einem Meeresspiegelanstieg von etwa einem Meter bis zum Ende des Jahrhunderts ausgehen. Wie in Kapitel 4 beschrieben, könnte dieser Anstieg durch instabile Eisschilde aber auch deutlich rascher erfolgen und im Extremfall innerhalb weniger Jahrzehnte beziehungsweise innerhalb von ein bis zwei Jahrhunderten ein Ausmaß von fünf Metern erreichen. Je rascher und stärker die globale Erwärmung erfolgt, umso wahrscheinlicher wird ein derartiges Schreckensszenario. Die „Anpassungskosten" einer Evakuierung des Großraums London lassen die Aufwendungen für Klimaschutzmaßnahmen, um die Paris-Ziele zu erreichen, in einem deutlich anderen Lichte erscheinen.

Die Anpassung an den Klimawandel ist eine zentrale Aufgabe heute und in den nächsten Jahrzehnten. Diese muss lokal und für jeden Lebensbereich gesondert entwickelt werden. Dabei geht es nicht nur um technische Lösungen wie Hochwasserschutz oder Lawinenverbauungen. In der Landwirtschaft bieten sich etwa auch Chancen, die genutzt werden wollen, wie beim Weinbau. In vielen Bereichen können sogar Win-win-Situationen entstehen. Bei bodenschonender Bearbeitung im Ackerbau kann der Boden mehr Niederschlagswasser aufnehmen und ist dadurch weniger anfällig für Trockenschäden. Gleichzeitig wird mehr Humus im Boden gespeichert und damit die Zunahme von Kohlendioxid in der Atmosphäre reduziert. Die meisten Anpassungsmaßnahmen führen zu einer geringeren Wetterabhängigkeit und sind dadurch weniger störungsanfällig. Uns muss aber bewusst sein, dass alle Anpassungsmaßnahmen ihre Limitierungen haben. Damit ist auch aus Sicht der Anpassung das oberste Ziel, den Klimawandel so gering wie möglich zu halten.

Geo-Engineering:
die Lösung aller Probleme?

Viele besonders technikaffine Menschen kommen immer wieder mit Vorschlägen, wie man den menschenverursachten Klimawandel mit technischen Maßnahmen eindämmen könnte, ohne die Treibhausgasemissionen reduzieren zu müssen. Einige davon klingen zwar wie Science-Fiction haben aber zumindest einen realen physikalischen Hintergrund – sie versuchen entweder die Einstrahlung zu reduzieren oder die Treibhausgase aus der Atmosphäre zu entfernen. Sehr verbreitet ist die Idee, die Einstrahlung der Sonne auf die Erde um jenen Betrag zu reduzieren, um den der langwellige Strahlungsfluss durch die Treibhausgase erhöht wird. Wirklich ins Reich der Science-Fiction gehören hier Vorschläge, riesige Spiegel oder Folien im Weltall auszulegen und damit bestimmte Teile der Erde abzuschatten. Natürlich kann durch derartige Maßnahmen der Strahlungseintrag in das Klimasystem reduziert werden, jedoch sind damit verschiedene Probleme verbunden. Um nennenswerte Strahlungsreduktionen zu erreichen, müssten riesige Flächen im Weltall verspiegelt werden, was natürlich mit immensen Kosten und auch einem zusätzlichen Ausstoß an Treibhausgasen durch die Raketen bei der Montage und Reparatur verbunden wäre.

Weitaus schwerwiegender ist jedoch das Risiko, welches mit dieser Abschattung verbunden ist. In den Regionen, in denen die Abschattung auftritt, kommt es natürlich zu einer Reduktion der Sonneneinstrahlung. Diese ist direkt mit der Fotosyntheseleistung der Pflanzen verbunden, sodass damit eine Abnahme der Produktivität in der Landwirtschaft einhergehen würde. Man kann zwar versuchen, die Abschattung überwiegend in Wüstenregionen mit hoher Sonneneinstrahlung und geringer landwirtschaftlicher Produktion durchzuführen, es ist aber höchst unklar, wie sich eine derartige Abkühlung der Wüsten auf die globale Zirkulation und damit auf die Wetterabläufe der Erde auswirken würde. Dass Auswirkungen stattfinden würden, wäre aber unausweichlich, da es ja zu einer Verschiebung der Heizflächen an der Erdoberfläche kommt.

Ein weiteres Problem wäre die politische Verantwortung für derartige Maßnahmen. Wer finanziert diese Maßnahmen und führt sie durch? Wer bestimmt, welche Regionen auf der Erde abgeschattet werden, und wer übernimmt die (auch finanzielle) Verantwortung für unbeabsichtigte Folgewirkungen? Die Klärung dieser Fragen scheint zumindest ebenso komplex wie die Einigung auf zielführende Klimaschutzmaßnahmen.

Neben diesen „Weltraumfantasien" wird auch gerne das Ausbringen von feinen Staubpartikeln (Aerosolen) in hohe Schichten der Atmosphäre vorgeschlagen. Wir wissen von Vulkanausbrüchen, dass Staubmassen, die bis in die Stratosphäre vordringen, über mehrere Jahre zu einer Abkühlung führen. Die Stratosphäre beginnt jedoch erst in einer Höhe von etwa 15.000 Metern, darunter werden Staubpartikel sehr rasch durch Regen aus der Atmosphäre ausgewaschen. Nun wäre der Transport von relevanten Staubmengen mittels Flugzeugen und Raketen in diese Höhen nur schwer zu finanzieren, es würden riesige Mengen an zusätzlichem Kohlendioxid durch die Flugbewegungen ausgestoßen und die Staubmassen würden im Lauf der Jahre durch den Regen wieder ausgewaschen. Je nach Zusammensetzung der Staubpartikel könnte dies wiederum zu saurem Regen führen. Ebenfalls gäbe es das Problem, wer für die Kosten der Ausbringung sowie die ungewollten Folgekosten aufkommt, und wer bestimmt, wo diese Aerosole ausgebracht werden. Wir wissen nämlich von den historischen Vulkanausbrüchen, dass es nicht egal ist, wo diese stattfinden – im Hinblick darauf, wo die stärkste Abkühlung erfolgt.

Um diesen Ausbringungsaufwand zu umgehen, schlagen einige das Beimengen von Aerosolen zum Flugbenzin vor. Damit würden diese zwar nicht bis in die Stratosphäre transportiert, aber da durch jeden Flug neue Aerosole in die Atmosphäre eingebracht würden, wäre das Auswaschen durch Niederschlag nicht so problematisch. Diese Maßnahme würde geringe Zusatzkosten und kaum zusätzlichen Energieaufwand für die Ausbringung verursachen, hätte aber zur Folge, dass die größte Menge an ausgebrachten Aerosolen in der Nähe der großen Flughäfen sowie entlang der dichtesten Flugrouten erfolgen würde. Diese liegen aber genau in den am dichtesten besiedelten Regionen der Erde, in der Nähe der großen Städte. Hier würde man die Sonne deutlich seltener sehen als heute, da es durch die Aerosole zu mehr Dunst und zu einer häufigeren Wolkenbildung kommen würde, und auch Luftqualitätsprobleme würden massiv verstärkt werden. Die Landwirtschaft im Umkreis der großen Städte würde deutlich beeinträchtigt und damit die Nahversorgung gefährdet werden. Auch bei dieser Methode muss man von unerwarteten Folgewirkungen ausgehen und die Frage der politischen und wirtschaftlichen Verantwortung ist ebenfalls ungeklärt.

Zu den Versuchen, die Sonneneinstrahlung zu begrenzen, zählt auch das Weißfärben von Dächern und Wänden. Ebenso wie das Abdecken von Gletschern mit weißen Plastikfolien führt sie zu erhöhter Reflexion der Sonnenstrahlung und daher lokal zu geringerer Erwärmung der jeweiligen Oberfläche. Auf Gletschern – zum Beispiel beim Abgang von der Liftstation – und zur Kühlung von Städten hat dies kleinräumig tatsächlich die erwünschte Wirkung. Um im globalen Maßstab mit solchen Methoden genügend Energie zu reflektieren, müssten riesige Flächen verändert werden. Neben den immensen Kosten würde dies wiederum zu geänderten Energieflüssen an der Erdoberfläche führen und damit auf die Witterungsabläufe rückwirken.

Eine auf den ersten Blick weniger problematische Methode versucht die Kohlenstoffbindung im Meer zu verstärken und damit den Anstieg der Kohlendioxidkonzentration in der Atmosphäre zu reduzieren. Dabei wird Eisensulfat auf die Meeresoberfläche ausgebracht, was Algen zum Wachstum und zur Algenblüte animiert. Dadurch wird Kohlendioxid der Atmosphäre entzogen und in die Algen eingelagert. Durch die „biologische Pumpe", die Bindung von Kohlenstoff in Muschelschalen und Skeletten von Meerestieren, die nach dem Tod zum Meeresgrund absinken, wird ein Teil dieses Kohlenstoffes langfristig in der Tiefsee gespeichert. Laborversuche versprachen einen hohen Wirkungsgrad dieser Methode, doch erste großflächige Versuche auf dem offenen Meer zeigten eine deutlich geringe Bindung von Kohlendioxid als gedacht. Zudem gibt es auch ökologische Bedenken, da es zu einer Bevorzugung spezieller Algen und Tiere in der Nahrungskette kommt. Auf jeden Fall können die riesigen Emissionen an Kohlendioxid, die es derzeit gibt, mit dieser Methode nicht kompensiert werden, und auf die Konzentration der anderen Treibhausgase wie Methan und Lachgas hat sie keinerlei Einfluss.

Eine ernsthaft überlegte Methode und teilweise in den IPCC-Emissionsszenarien berücksichtigte Methode nennt sich *Carbon Capture and Storage* (CCS). Damit ist das Filtern der Abgasluft von fossilen Kraftwerken und Speichern des Kohlenstoffs gemeint. Es gibt chemische Prozesse, mit denen Kohlendioxid aus der Abgasluft herausgefiltert und damit dessen Freisetzung verhindert werden kann. Derzeit werden erste Großversuche durchgeführt, um die noch offenen technischen Fragen zu lösen. Eine großflächige Anwendung dieser Methode scheint durchaus möglich. Damit könnten klimaneutrale Kohle-, Öl- und Gaskraftwerke betrieben werden. Was auf den ersten Blick wie der „Stein der Weisen" wirkt, hat aber auch seine Tücken. Es fallen dadurch riesige Mengen Kohlendioxid an. Da dieses Gas in hoher Konzentration giftig ist, muss es unter hohen Sicherheitsauflagen gelagert werden. Hierzu gibt es durchaus innovative Ideen. So könnte Kohlendioxid in der Öl- und Gasförderung eingesetzt werden, indem es bei versiegenden Quellen verwendet wird, um die letzten Reste herauszupressen. Dabei würde das Kohlendioxid Gas und Öl verdrängen und in den Lagerstätten verbleiben. Wie viele Lagerstätten für einen derartigen Einsatz infrage kommen, wie das Kohlendioxid dorthin kommt und welche Mengen an Kohlendioxid damit eingelagert werden könnten, ist derzeit jedoch noch nicht seriös abschätzbar. Es sind auch Fragen zur dauerhaften Dichtigkeit offen. Eines der Risiken dieser Methoden ist, dass – sollte es aus irgendeinem Grund, zum Beispiel infolge eines Erdbebens, zu einer plötzlichen Freisetzung kommen – große Mengen an Kohlendioxid in kürzester Zeit in die Atmosphäre gelangen würden und sich dadurch der Klimawandel sprunghaft beschleunigen könnte.

Das größte Hindernis für CCS sind jedoch die Kosten für dieses Verfahren. Das chemische Filtern von Kohlendioxid ist deutlich aufwendiger als das von Feinstaub oder Schwefeldioxid und daher sind fossile Kraftwerke mit CCS durch die Energiepreise nicht finanzierbar. Aus wirtschaftlicher Sicht ist es sinnvoller, gleich erneuerbare Energie zu produzieren anstatt fossiler Energie mit CCS. Dennoch wäre es wichtig, in Zukunft fossile Kraftwerke nur noch mit CCS zu genehmigen. Werden dabei auch versteckte Förderungen vermieden, sind fossile Kraftwerke unrentabel und ihr Betrieb würde sehr rasch aus wirtschaftlichen Gründen eingestellt werden.

Bei faktisch allen Geo-Engineering-Methoden gibt es eine große Unbekannte, nämlich wie das Klimasystem auf die durch die Methode veränderten Energieflüsse reagiert. Damit würden wir zusätzlich zu dem bereits laufenden „Klimaexperiment" – der Erhöhung der Treibhausgaskonzentrationen in der Atmosphäre – ein weiteres starten. Wesentlich einfacher und berechenbarer ist es daher, die Treibhausgasemissionen zu reduzieren und sich nicht auf weitere unwägbare technische Risiken einzulassen, deren Ausmaß wir nicht abschätzen können.

06

WARUM GREIFT NIEMAND EIN?

Wenn der Klimawandel so offensichtlich und so bedrohlich ist: Warum tut die UNO nichts dagegen?

/

Wenn das Kyotoprotokoll nicht gereicht hat: Löst das Pariser Klimaabkommen das Problem?

/

Was bedeutet das Pariser Abkommen überhaupt?

Es gibt Probleme, die nur an einem oder einigen wenigen Orten auftreten – zum Beispiel Umweltbelastung durch Uranbergbau. Es gibt welche, die weltweit an vielen Orten für Unmut sorgen – wie zum Beispiel das Müllproblem. Diese lassen sich durch lokale oder regionale Maßnahmen lösen. Es gibt aber auch Probleme, die weltweit auftreten, die nicht von einem Land allein gelöst werden können, zu deren Lösung aber jedes Land beitragen muss – die globalen Probleme. Der Klimawandel ist das dringendste dieser Art. Er findet überall statt; in unterschiedlichem Maße leiden alle darunter und tragen alle dazu bei. Aber auch wenn ein Land noch so radikale Klimaschutzmaßnahmen setzt, es bleibt nicht vom Klimawandel verschont.

Warum gibt es jedes Jahr
eine Klimakonferenz?

Zur Lösung solch globaler Probleme müssen sich die Staaten absprechen. Dies geschieht im Fall des Klimawandels auf den jährlich stattfindenden globalen Klimakonferenzen. Die Kurzbezeichnung „COP" steht für „Conference of the Parties", Konferenz der Vertragsparteien der sogenannten Klimarahmenkonvention (UNFCCC), die 1992 in Rio de Janeiro unterzeichnet wurde. Diese Rahmenkonvention hat zum Ziel, eine gefährliche menschengemachte Störung des Klimasystems zu verhindern und die globale Erwärmung zu verlangsamen sowie ihre Folgen zu mildern (Artikel 2). Diese sehr allgemein gehaltenen Bestimmungen machten es einerseits möglich, praktisch alle Staaten der Welt zur Unterzeichnung zu bewegen. Andererseits wurde es dadurch aber notwendig, die Vereinbarungen nach und nach durch zusätzliche Übereinkommen zu konkretisieren. Dazu dienen die COPs. So wurden bei der 3. COP 1997 in Kyoto, Japan, erstmals völkerrechtlich verbindliche Zielwerte für den Ausstoß von Treibhausgasen in den Industrieländern bis zum Jahr 2012 festgelegt. Erst nach 21 Jahren, bei der COP 21 in Paris im Jahr 2015, wurde eine klare Festlegung getroffen, was eine „gefährliche menschengemachte Störung des Klimasystems" eigentlich ist. Man einigte sich darauf, dass der Anstieg der Temperatur im globalen Durchschnitt deutlich unter 2 °C gegenüber dem vorindustriellen Niveau gehalten werden muss. Es sollen darüber hinaus Anstrengungen unternommen werden, den Temperaturanstieg auf 1,5 °C gegenüber dem vorindustriellen Niveau zu begrenzen. Das würde die Risiken und Veränderungen durch den Klimawandel wesentlich verringern.

Die über 190 Staaten, die jedes Jahr bei diesen Konferenzen um weitere Vereinbarungen ringen, haben zwar ein gemeinsames Ziel, aber sehr unterschiedliche Interessen. Die kleinen Inselstaaten, deren Lebensraum wenige Meter über dem Meeresspiegel liegt, wollen rasche und drastische Maßnahmen zur Minderung der Treibhausgasfreisetzungen. Länder wie Australien, China, Polen oder die USA mit gewaltigen Kohlereserven wollen diese weiterhin fördern und nutzen dürfen und die Ölstaaten, wie zum Beispiel Saudi-Arabien und Venezuela, ihr Öl. Frankreich und andere Nuklearstaaten sehen die Chance, der schwächelnden Nuklearindustrie als CO_2-ärmerer Technologie neuen Auftrieb zu verschaffen. Deutschland will sicherstellen, dass seine Automobilindustrie weiterhin fossil betriebene Pkw und Lkw produzieren und gewinnträchtig verkaufen kann. Österreich denkt an seine energieintensive Stahlindustrie und steht unter anderem deshalb auf der Bremse. Die Verhandlungen sind dementsprechend zäh. Umso beachtlicher, dass man sich 2015 auf ein mehrfach abgesichertes Ziel einigen konnte und auf einen Prozess, wie dieses Ziel zu erreichen sei.

Das Kyotoprotokoll: *ein erster Schritt zum globalen Klimaschutz*

Bevor weiter auf das Pariser Klimaabkommen eingegangen wird, noch ein Rückblick auf das Kyotoprotokoll, weil dieses einige Weichen gestellt hat, die heute noch wirksam sind.

Das Ergebnis der 3. COP 1997 in Kyoto ist deswegen bemerkenswert, weil es erstmals wenigstens für die Industrieländer völkerrechtlich verbindliche Vorgaben für die Minderung der Treibhausgasemissionen festlegte: In der Periode 2008 bis 2012 sollten die Emissionen aller Industrieländer zusammen um 5 Prozent unter dem Wert von 1990 liegen. Für jedes Industrieland wurden Reduktionsziele vorgegeben – für die EU (damals 15 Staaten) insgesamt minus 8 Prozent, für Österreich minus 13 Prozent. Erfasst wurden die Gase Kohlendioxid (CO_2), Methan (CH_4), Distickstoffoxid (Lachgas, N_2O), Halogenierte Fluorkohlenwasserstoffe (H-FKW), Fluorkohlenwasserstoff (FKW) und Schwefelhexafluorid (SF_6). Erst sieben Jahre später, 2004, hatten hinreichend viele Staaten das Protokoll ratifiziert. 2005, acht Jahre nach der Verabschiedung bei der 3. COP, konnte es in Kraft treten. Die USA haben das Abkommen nie ratifiziert, weil es nach Meinung des damaligen Präsidenten Bush den Wirtschaftsinteressen der USA zuwiderlief und weil es für China, einen der größten Emittenten, aber kein Industriestaat, keine Reduktionsvorgaben enthielt. Kanada ist 2011 ausgetreten, als es erkannte, dass es die Ziele nicht erreichen würde, um so den Strafzahlungen zu entgehen.

Das Kyotoprotokoll führte zur Etablierung eines Handels mit Emissionszertifikaten. In der EU wurde dementsprechend 2005 das sogenannte ETS (European Trading System) eingeführt; derzeit fallen etwa 40 Prozent der Treibhausgasemissionen und 11.000 Betriebe unter das ETS-Schema. Der Grundgedanke ist, dass große Emittenten wie Kraftwerke und Industrieanlagen eine gewisse, ihrer Produktion angemessene Menge an Treibhausgasen freisetzen dürfen. Dafür bekommen sie sogenannte (zeitlich begrenzt gültige) „Zertifikate" (umgangssprachlich nicht ganz unzutreffend auch als „Verschmutzungsrechte" bezeichnet). Braucht ein Betrieb nicht alle ihm zur Verfügung stehenden Zertifikate, kann er die überschüssigen an einen anderen Betrieb verkaufen, der zum Beispiel wegen Produktionssteigerungen mehr braucht, als ihm zugeteilt wurde. Wenn Jahr für Jahr weniger Zertifikate vergeben und diese daher knapper werden – so die Theorie –, dann werden Emissionen immer teurer. Energieeffizienzmaßnahmen oder der Umstieg auf erneuerbare Energien macht sich für die Betriebe dann rascher bezahlt. Leider verlief der Einstieg in dieses System extrem holprig: In den meisten EU-Staaten wurden zu Beginn so viele Zertifikate gratis verteilt, dass keine Nachfrage und daher kein Markt dafür entstand. Die meisten Betriebe hatten genug Zertifikate und sie blieben daher wirkungslos. Manche Betriebe wälzten die (fiktiven) Kosten für die Zertifikate auf die Kunden ab, obwohl ihnen die Zertifikate vom Staat gratis zugeteilt wurden. Inzwischen wird ein Teil der Zertifikate nicht mehr gratis vergeben, sondern versteigert, und die Vergabe der übrigen ist EU-weit geregelt. Das ETS ist damit nach einigen Jahren wirksamer geworden. Die Zertifikate sind aber immer noch billig und tragen nicht im erforderlichen Maß zur Minderung der Treibhausgasemissionen bei.

Darüber hinaus sind die Zertifikate inzwischen zum Spekulationsobjekt geworden – das heißt, es wird damit Geld verdient, das nicht dem Klimaschutz zugutekommt. Der Emissionshandel ist ein Versuch, einen Markt für ein „Negativgut" (Schadstoffemissionen) zu schaffen. Als marktkonformes Instrument – im Gegensatz zu direkten staatlichen Eingriffen wie Besteuerung der fossilen Energie – fand das System leichter die Zustimmung der Entscheidungsträger, es ist aber weder ein treffsicheres noch ein preiswertes System, Klimaschutz zu betreiben.

Das Kyotoprotokoll schuf auch Möglichkeiten, statt Emissionen im eigenen Land zu reduzieren, den Entwicklungsländern und den Nachfolgestaaten der ehemaligen Sowjetunion durch finanzielle Unterstützung zu helfen, deren existierende oder geplante Emissionen zu reduzieren. Einen Teil der eingesparten Emissionen konnte sich das Geberland wie Reduktionen im eigenen Land anrechnen lassen. Dass geplante Emissionen nicht leicht zu überprüfen sind und daher auch Missbrauch nicht auszuschließen war, liegt auf der Hand. Österreich machte von der Möglichkeit, im Ausland zu investieren, reichlich Gebrauch, um sein Kyoto-Reduktionsziel zu erreichen. Die dafür ausgegebenen rund 500 Millionen Euro werden oft auch als Strafzahlung bezeichnet, was sie streng genommen aber nicht sind.

Die Kyoto-Ziele bestimmten viele Jahre die öffentliche und politische Klimadiskussion. Die 36 im Protokoll verbliebenen Staaten erreichten in Summe das selbst gesteckte Reduktionsziel, formal also ein Erfolg. Zehn

Staaten griffen allerdings – wie Österreich – auf den Kauf von Zertifikaten zurück, reduzierten also nicht wirklich im geforderten Ausmaß. Darüber hinaus trat 2008 eine Finanz- und Wirtschaftskrise auf, die zu einem Rückgang der Emissionen, völlig unabhängig vom Kyotoprotokoll, führten. Die Minderungen können also nicht vollständig der Klimapolitik der Staaten zugeschrieben werden. Gemessen an den globalen Emissionen war die Kyoto-Minderung jedenfalls nur ein Tropfen auf dem heißen Stein: Die Treibhausgasemissionen sind trotz der Reduktion der Kyoto-Staaten global zwischen 1990 und 2012 um circa 45 Prozent gestiegen!

Das Pariser Klimaabkommen – *der Durchbruch?*

Unter der entschlossenen und geschickten Führung des Gastgeberlandes Frankreich wurde in Paris bei der 21. COP nicht nur das berühmte „2-Grad-Ziel" beschlossen, man verpflichtete sich sogar, die Erwärmung möglichst auf 1,5 °C gegenüber dem vorindustriellen Niveau zu begrenzen. Zur Absicherung dieser Ziele wurde darüber hinaus festgelegt, dass die höchsten Emissionen – nimmt man die aller Staaten zusammen – früh in diesem Jahrhundert erreicht werden müssen. Das heißt, dass die Emissionen insbesondere bei den Industriestaaten sehr bald anfangen müssen zu sinken. Eine dritte besonders schwer zu erfüllende Bestimmung besagt, dass spätestens Mitte des Jahrhunderts die Menge der Treibhausgase, die in die Atmosphäre eingebracht wird, jene nicht übersteigen darf, die vom Ozean und von den Pflanzen aufgenommen wird. Das bewirkt nämlich, dass ab diesem Zeitpunkt die Konzentrationen von Treibhausgasen in der Atmosphäre nicht mehr steigen. Das ist genauso wie bei einer Badewanne: Der Wasserstand steigt nur dann, wenn mehr Wasser eingelassen wird, als unten beim Abfluss (oder oben beim Überlauf) abrinnt. Diese Zusatzbestimmungen sind wichtig, weil sie die Staaten zwingen, bald zu handeln. Lassen sie sich zu viel Zeit, kann das sogenannte 2-Grad-Ziel oder – noch mehr – das 1,5-Grad-Ziel praktisch nicht erreicht werden. Durch das

Pariser Klimaabkommen sollen die Risiken und Auswirkungen des Klimawandels auf ein beherrschbares Niveau reduziert werden.

Statt auszuhandeln, welcher Staat wie viele Treibhausgase bis wann in die Atmosphäre einbringen darf, waren alle Staaten vor der Konferenz in Paris aufgefordert, ihre freiwilligen Reduktionspläne bekanntzugeben. 187 Staaten folgten diesem Aufruf und legten Pläne für die nächsten fünf bis 20 Jahre vor. Die Summe all dieser Reduktionsmaßnahmen reicht allerdings bei Weitem nicht, um den Temperaturanstieg auf 2 Grad oder gar 1,5 Grad zu begrenzen. Es besteht eine Lücke von rund 25 beziehungsweise 35 Prozent der 2030 zu erwartenden Emissionen (vgl. Abbildung 6-1). Je nach den Annahmen über die Emissionen über das Ende der eingereichten Pläne hinaus ergeben sich Ende des Jahrhunderts Temperaturen von 2,7 bis 3,6 Grad über vorindustriellem Niveau. Es besteht also erheblicher Nachbesserungsbedarf. Dazu sieht das Abkommen erstmals 2018 und dann alle fünf Jahre eine Überprüfungs- und Nachbesserungsrunde vor (der sogenannte „Hebemechanismus"). Die einzelnen Staaten müssen ihre Emissionen publizieren, und zwar nach einheitlichen Methoden berechnet, und sie sind zu Nachbesserungen in festgelegten Zeitintervallen aufgerufen. Hinter einmal gemachten Zusagen darf kein Staat mehr zurückfallen. Da die Weltöffentlichkeit diese Informationen auch bekommt, wird Druck auf säumige Staaten entstehen.

Ein Grundproblem aller Klimaverhandlungen ist die Frage der Klimagerechtigkeit. Die industrialisierte Welt hat den überwiegenden Teil der bisherigen Treibhausgase in die Atmosphäre eingebracht und damit den bisherigen Klimawandel weitgehend verursacht. Die Folgen treffen aber vor allem die Entwicklungsländer schwer. Sie können sich auch weniger gut durch kostspielige Anpassungsmaßnamen dagegen schützen. Gleichzeitig werden die kommenden Emissionen aber in erster Linie von Schwellen- und Entwicklungsländern im Zuge ihrer Industrialisierung und ihres wachsenden Wohlstandes erwartet. Beides legt finanzielle und technologische Unterstützung der Entwicklungsländer in ihrem Bemühen um Klimaschutz und Klimaanpassung durch die industrialisierten Staaten nahe. Das Pariser Abkommen 2015 hat daher den schon lange vorgesehenen *Green*

Climate Fund festgeschrieben, in den vonseiten der industrialisierten Staaten ab 2020 jährlich 100 Milliarden Dollar eingezahlt werden sollen, um die notwendigen Investitionen in den Entwicklungsstaaten zur Klimawandelanpassung und zum Übergang zu erneuerbaren Energien zu erleichtern. Es wurde allerdings bisher kein Schlüssel vereinbart, welcher Staat welchen Beitrag zu zahlen hat. Die bisherigen Zahlungen und Zusagen bleiben weit hinter der Zielsumme zurück.

↓ **Abbildung 6-1:** Erwartete Entwicklung der globalen Treibhausgasemissionen mit derzeit beschlossenen und zugesagten Maßnahmen sowie die zur Erreichung der Pariser Ziele notwendigen Verläufe. Man erkennt, dass noch eine gewaltige Lücke klafft, die in den kommenden Jahren durch zusätzliche Zusagen geschlossen werden muss. [7]

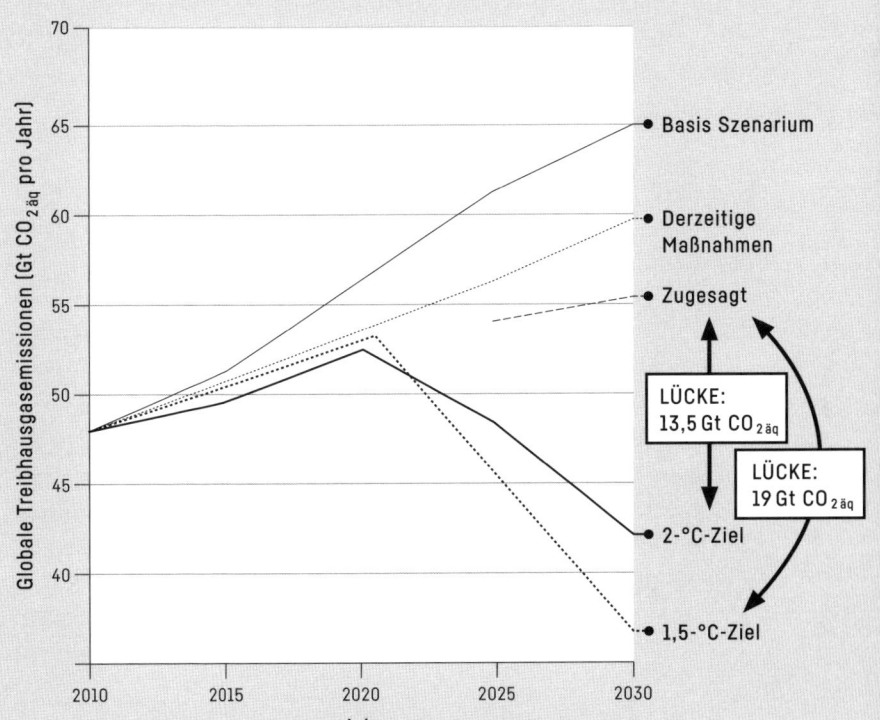

EMISSIONSREDUKTIONEN: VORSCHLÄGE UND ZIELE

Wie bei internationalen Abkommen üblich, musste der ausverhandelte Text des Klimaabkommens von den nationalen Parlamenten ratifiziert werden. Erst wenn 55 Prozent der Unterzeichnerstaaten das Abkommen ratifiziert haben und diese zusammen mindestens 55 Prozent der Treibhausgasemissionen verursachen, sollte es völkerrechtlich verbindlich in Kraft treten. Während das Kyotoprotokoll erst nach acht Jahren in Kraft treten konnte, waren die diesbezüglichen Bestimmungen des Pariser Klimaabkommens inner- halb eines Jahres erfüllt und es wurde im November 2016 für alle Staaten, die es ratifiziert hatten – auch für Österreich – verbindliches Recht. In kurzer Zeit sind alle Staaten der Erde dem Pariser Abkommen beigetreten.

Über die konkreten Bestimmungen des Pariser Abkommens hinaus ist die bei der 21. COP erstmals zu spürende Stimmung der Kooperation und des Wollens ein wichtiges Zeichen für ein Umdenken. Wenn der weltweite Druck der Zivilgesellschaft aufrecht bleibt und der Finanzmarkt zuneh- mend fossil-kritisch wird, könnte sich der Jubel der Politiker bei Abschluss des Pariser Abkommens als berechtigt erweisen.

Entwicklung in den USA:
Austritt aus dem Pariser Klimaabkommen

Nachdem die USA unter Präsident Obama dem Pariser Klimaabkommen beigetreten waren, hat Präsident Trump im Juni 2017 den Austritt der USA angekündigt. Die Vertragsbestimmungen sind allerdings so gestaltet, dass dieser Prozess mehr als vier Jahre dauert, also nicht vor 2020 möglich ist. Die laufende Legislaturperiode des US-Präsidenten endet 2020 – ein nahezu nahtloser Wiedereintritt unter einer anderen Regierung wäre daher möglich.

Die Reaktion der anderen Staaten und die Reaktionen aus den USA auf diesen Schritt Präsident Trumps sind erfreuliche Signale für die künftige Klimaentwicklung. Kein einziger anderer Staat weltweit hat sich dem Austritt angeschlossen, im Gegenteil, die Stimmung schien eher zu sein: „Dann ist unser Beitrag umso wichtiger." Etwa ein Dutzend Bundesstaaten der USA, allen voran Kalifornien, die sechstgrößte Volkswirtschaft der Welt, erklärten, dass sie sich weiterhin an das Abkommen gebunden fühlen, ebenso zahlreiche Städte, einschließlich New York. Rund 360 Firmen, einschließlich großer, internationaler Konzerne – darunter Amazon, Apple, Google, DuPont, Hewlett Packard, Kellogg, Mars Inc., Microsoft, Nike und Starbucks – appellierten an Präsident Trump, diesen Schritt aus rein wirtschaftlichen Gründen nicht zu tun, und viele erklärten danach, ihren Beitrag zur Erreichung der Pariser Ziele jedenfalls leisten zu wollen. Einige haben sogar die Gerichte bemüht, um den Ausbau der erneuerbaren Energien sicherzustellen. Zugleich ist der Widerstand gegen die hartnäckige Leugnung des Klimawandels durch die Republikanische Partei und gegen die unvernünftige Politik in den USA gewachsen.

All das bedeutet nicht, dass die ablehnende Haltung des Präsidenten der USA für das Weltklima keine Bedeutung hat. Da auch eine Vielzahl der Vertreter im Kongress und im Senat bezweifeln oder leugnen, dass der Klimawandel vom Menschen verursacht ist, kann der Präsident viele kontraproduktive Gesetze durchbringen: Es wurden inzwischen in den USA per

Dekret oder Gesetz eine Reihe von Erleichterungen für die Kohleindustrie sowie die Öl- und Gasindustrie eingeführt, die zum Teil katastrophale Folgen vor allem für indigene Bevölkerungen in den USA und Kanada haben. Sie verlangsamen auch den Ausstieg aus fossilen Brennstoffen. Mittel für Umweltüberwachungs- und Forschungsprogramme wurden gekürzt oder gestrichen. Der fehlende Beitrag der USA zur Aufrechterhaltung der Aktivitäten des UN-Klimasekretariats (15 Millionen Dollar pro Jahr) wird zunächst dankenswerterweise von der privaten Stiftung *Bloomberg Philanthropies* zugeschossen, aber die wesentlich bedeutenderen Mittel, die seitens der USA in den *Green Climate Fund* hätten fließen sollen, fehlen. Dieses Geld geht den Schwellen- und Entwicklungsländern in ihren Bemühungen um Klimaanpassung und Klimaschutz ab.

Wären die USA fünf Jahre früher aus einem internationalen Klimaabkommen ausgestiegen, hätte dies vermutlich unmittelbar international eine Kettenreaktion ausgelöst, und es wären andere Staaten gefolgt. Das Abkommen wäre tot gewesen. Dass dies 2017 nicht der Fall war, zeigt, wie es der Chef einer der größten Investitionsfirmen der USA ausdrückte, dass „der Zug den Bahnhof verlassen hat, und sich ihm jetzt in den Weg zu stellen, Narrheit ist".

Drei Jahre später erkennt man auf der politischen Ebene nur mäßige Erfolge; manche Staaten denken laut über einen Ausstieg nach. Aber die Stimmung in der Wirtschaft, insbesondere der Versicherungs- und Finanzwirtschaft, hat sich durch das Abkommen verändert. Abhängigkeit von und Investitionen in fossile Energien werden als unerwünschtes Risiko betrachtet und zunehmend abgebaut.

Nationale und internationale
Entwicklungen geben Hoffnung

Global sinken die CO_2-Emissionen gemessen am globalen Bruttoinlandsprodukt (BIP) seit den 1990er-Jahren. Die absoluten Mengen steigen allerdings. Weil aber das globale BIP stärker angestiegen ist als die Emissionen, haben die Emissionen pro BIP-Einheit abgenommen. In einigen Industriestaaten, darunter die USA und die EU, sinken jedoch die Emissionen bereits seit einigen Jahren auch absolut gesehen. Der Anstieg in China und in den übrigen Schwellenländern überwog jedoch bisher die Abnahme in den Industriestaaten.

Mittlerweile zählt China zu den Vorreitern in Sachen Klimaschutz. Es erreicht seine selbst gesteckten Ziele früher als erwartet. Das hat mehrere Gründe: Die Luftqualität in den Millionenstädten Chinas, insbesondere in Peking, ist durch die Verbrennung von Kohle und Öl so schlecht geworden, dass die Menschen oft tagelang nur mit Schutzmasken ins Freie gehen können. Das sorgt für Unmut. Gleichzeitig ist der Bau von Anlagen zur Nutzung erneuerbarer Energien so preiswert geworden, dass sich Kohlekraftwerke auch rein wirtschaftlich nicht mehr rechnen. Während in China bis etwa vor einem Jahrzehnt alle zwei Wochen ein neues Kohlekraftwerk ans Netz gegangen ist, wurden in den letzten Jahren 123 Kohlekraftwerke geschlossen, einschließlich zweier Kraftwerke, die erst im Bau waren.

Europa war viele Jahre führend in der Klimapolitik und hat beharrlich von der übrigen Welt strengere Maßnahmen eingefordert. Weil es mit gutem Beispiel voranging, war es auch glaubwürdig. Das *Gesetz zur Förderung Erneuerbarer Energien* zum Beispiel hat in Deutschland für Solar- und Windenergie und für Biomasse einen enormen Aufschwung gebracht: Innerhalb von 15 Jahren stieg der Anteil der Erneuerbaren von 3,7 auf 14,7 Prozent. Das Gesetz wurde für viele Staaten der Welt ein Vorbild. In letzter Zeit ist Europa aber als Vorreiter zurückgefallen. Nicht nur die Visegrád-Staaten und Österreich bremsten die EU, auch Deutschland hintertrieb Fortschritte, insbesondere im Mobilitätssektor. So hat zum Beispiel

Deutschland 2013 andere Staaten unter Druck gesetzt, eine ausverhandelte EU-Regelung zur strengeren Begrenzung der Treibhausgasemissionen aus Kraftfahrzeugen abzulehnen, um die deutsche Industrie zu schützen. Es ist Deutschland auch nicht gelungen, sich auf einen Zeitpunkt für den Ausstieg aus der Kohle, insbesondere der gegen den massiven Widerstand der Bevölkerung flächig abgebauten, besonders klimaschädlichen Braunkohle, zu einigen, sodass es voraussichtlich weder die selbst gesetzten noch die EU-Ziele erreichen wird. Es scheint, dass Frankreich nun die Führungsrolle von Deutschland übernehmen könnte: Mit vorne dabei sind jedenfalls Dänemark und die anderen skandinavischen Staaten.

In Japan haben Sony, Apple, Microsoft und andere Firmen einen gemeinsamen Appell an die Regierung unterzeichnet, erneuerbare Energien für alle Firmen in Japan zur Verfügung zu stellen, die zu 100 Prozent auf Erneuerbare umsteigen wollen. Unmittelbar nach der Reaktorkatastrophe von Fukushima wurde stark in erneuerbare Energien investiert, sodass deren Anteil sprunghaft anstieg. Mit dem Wechsel zu einer nuklearfreundlichen Regierung ging der Anstieg jedoch zurück.

Internationale Entwicklungen geben ebenfalls Hoffnung: Die pro Jahr neu installierten Leistungen an elektrischer Energie aus erneuerbaren Energiequellen haben die aus fossilen bereits überholt; sie steigen, während jene fallen, obwohl Letztere in sechs- bis zehnfacher Höhe subventioniert werden. Die Schwellen- und Entwicklungsländer investieren bereits gleich viel in erneuerbare Energien wie die OECD-Länder, sie sind also kein Wohlstandsphänomen mehr. Jene Länder, die Energie am dringendsten brauchen, haben erkannt, wo die Zukunft liegt.

Das Pariser Abkommen –
was es konkret bedeutet

Das Kohlendioxid, das bei Verbrennungsprozessen in die Atmosphäre gelangt, wird etwa zu einem Viertel von Pflanzen aufgenommen, um deren Wachstum zu ermöglichen – der Kohlenstoff wird zu Pflanzenmasse verarbeitet. Ein weiteres Viertel wird von den Ozeanen aufgenommen und die verbleibende Hälfte bleibt in der Atmosphäre (genauer: 28 Prozent Pflanzen, 26 Prozent Ozean und 46 Prozent Atmosphäre). Die ständige Zufuhr von Kohlendioxid in die Ozeane mindert die Konzentration in der Luft, dämpft also den Klimawandel, führt aber zugleich dazu, dass die Ozeane immer saurer werden. Pflanzen und Ozeane sind daher derzeit „Senken" für Kohlendioxid in der Atmosphäre.

Wie viel Kohlendioxid diese Senken aufnehmen können, hängt ganz wesentlich von der Konzentration in der Atmosphäre und der Temperatur ab. Je höher die Konzentration in der Luft, desto mehr nehmen Pflanzen und Ozeane auf. Aber je wärmer die Ozeane sind, desto weniger Gas kann in ihnen gespeichert werden. Bei zunehmender Erwärmung wird der Zeitpunkt kommen, zu dem die Ozeane statt Kohlendioxid aufzunehmen dieses wieder abgeben. Man geht davon aus, dass die Ausgasung regional bereits begonnen hat und sich diese Gebiete bei weiterer Erwärmung ausbreiten. Wir sind also diesem Punkt schon relativ nahe. Auch die Pflanzen können, in Kombination mit dem Boden, nicht unbegrenzt Kohlendioxid aufnehmen. Dass die Pflanzen im globalen Mittel keine Senke mehr darstellen, sondern zu einer Quelle werden, könnte bei weiterem ungebremsten Temperaturanstieg schon vor Mitte dieses Jahrhunderts passieren. Es kann aber, bei konsequentem Klimaschutz, auch noch verhindert werden.

Wenn also das Pariser Klimaabkommen vorsieht, dass in der zweiten Hälfte dieses Jahrhunderts ein Gleichgewicht zwischen den menschengemachten Emissionen von Treibhausgasen (Quellen) und dem Abbau solcher Gase durch Senken erreicht werden muss, dann muss die vom Menschen verursachte Treibhausgasfreisetzung bei der derzeitigen Kohlendioxidkonzentration in der Atmosphäre und den derzeitigen Temperaturen grob gesagt auf die Hälfte reduziert werden. Nur dann können Pflanzen und Ozeane die gesamte emittierte Menge aufnehmen. Mit zunehmender Erwärmung nimmt die notwendige Minderung allerdings ständig zu. Das Klimaabkommen hält daher als weiteren Punkt das Bestreben fest, den weltweiten Scheitelpunkt der Emissionen von Treibhausgasen möglichst bald zu erreichen, wobei anerkannt wird, dass der zeitliche Rahmen für das Erreichen bei den Entwicklungsländern größer sein wird als bei den Industriestaaten.

Es ist erwiesen, dass die globale Temperatur der Erde im Gleichklang mit der Gesamtmenge an Treibhausgasen steigt, die vom Menschen in die Atmosphäre eingebracht werden. Man kann daher relativ einfach errechnen, wie viel Treibhausgase insgesamt eingebracht werden dürfen, wenn die Pariser Ziele von 2 beziehungsweise 1,5 Grad eingehalten werden sollen. Es sind rund 3.200 beziehungsweise 2.400 Gigatonnen CO_2 (eine Gigatonne sind Tausend Millionen Tonnen). Zieht man von diesen Summen die Menge ab, die bereits eingebracht wurde (rund 2.200 Gt CO_2) zeigt sich, dass der noch vorhandene „Puffer" maximal 1.000 Gt Kohlendioxid für 2 Grad Temperaturanstieg und nur etwa 200 Gt für 1,5 Grad beträgt. Die Ziele des Pariser Klimaabkommens können also sehr konkret als noch verbleibende Treibhausgaspuffer ausgedrückt werden. Würde man die gesamten Kohle-, Öl- und Gasvorräte aus den derzeit bekannten Lagerstätten nützen, ergäbe dies eine CO_2-Menge von ca. 15.000 Gt, also das 15-Fache dessen, was für die 2-Grad-Erwärmung zulässig ist. Die Reserven an fossilen Energien dürfen daher keineswegs aufgebraucht werden: Im Gegenteil, der weitaus größte Teil (mehr als 90 Prozent) muss unter der Erde bleiben. Das Pariser Klimaabkommen bedeutet daher im Klartext, dass das Ende der fossilen Energieträger definitiv eingeläutet ist.

Es bleibt nicht viel Zeit: Derzeit werden weltweit pro Jahr etwa 39 Gt CO_2 durch menschliche Aktivitäten in die Atmosphäre eingebracht. Berücksichtigt man auch die Wirkung der anderen Treibhausgase und rechnet diese auf die Wirkung von CO_2 um (CO_2-Äquivalent), ergibt dies Emissionen von rund 53,5 Gt CO_2-Äquivalente pro Jahr. Wenn sich die Menge nicht verändert, ist der Puffer für die 2-Grad-Erwärmung in circa zwanzig Jahren, das heißt bis etwa 2035, aufgebraucht und für die 1,5 Grad Erwärmung ist praktisch kein Puffer mehr vorhanden. Um diese Zeiträume zu strecken, müssten die Emissionen sehr rasch gesenkt werden. Weil eine so rasche Umstellung manchen Menschen unrealistisch erscheint, meinen sie, dass die Pariser Ziele nur erreicht werden können, wenn Kohlenstoff in großen Mengen mit technologischen Mitteln aus der Atmosphäre entfernt und sicher gelagert wird (Carbon Capture and Storage). Andere weisen dagegen auf das enorme Potenzial hin, das in Lebensstiländerungen steckt (siehe Kapitel 8 und 11).

Tatsache ist, dass der Abfall der Emissionen umso rascher erfolgen muss, je länger sie vorher angestiegen sind – das heißt, je später die maximale globale Emission erreicht wird. Der *Wissenschaftliche Beirat für Globale Umweltfragen des Deutschen Bundestages* (WBGU) hat errechnet, dass die erforderliche Emissionsreduktionsrate bei einem Gipfelpunkt im Jahr 2015 bei etwa 5 Prozent pro Jahr gelegen wäre. Das entspricht etwa der Reduktion, die durch das Kyotoprotokoll über einen Zeitraum von zwei Jahrzehnten erzielt wurde. Diese Option haben wir aber schon verpasst. Bei einem Wendepunkt im Jahr 2020 steigt die notwendige Reduktionsrate auf etwa 9 Prozent pro Jahr. Dies entspricht laut WBGU etwa den technischen und gesellschaftlichen Anstrengungen der Mobilisierung der Alliierten im Zweiten Weltkrieg.

Eine Frage, die bei allen Klimadiskussionen im Hintergrund schwärt, ist, ob die notwendigen Reduktionen mit rein technologischen Maßnahmen erzielbar sind oder ob tiefgreifende Veränderungen unseres Lebensstils, des Wirtschafts- und des Geldsystems erforderlich werden. Technologische Maßnahmen bedeuten einerseits die Marktdurchdringung vorhandener Lösungen, etwa der erneuerbaren Energien, und andererseits Forschung und Entwicklung zur Erschließung neuer Optionen. Zu diesen gehören in der aktuellen Diskussion unter anderem neue Konzepte zur Nutzung der Kernenergie und verschiedene Ansätze, die dem Bereich des Geo-Engineerings zugezählt werden können. Bei Letzteren geht es darum, Methoden zu finden, mit denen man entweder in großem Maßstab CO_2 aus den Abgasen oder aus der Atmosphäre herausfiltern kann, oder solche, die den Strahlungshaushalt zugunsten einer Kühlung der Erde beeinflussen (siehe Kapitel 5). Angesichts der Risiken, die mit all diesen „neuen" Technologien verbunden sind, erscheint es zweckmäßig, auf weniger riskante, ausgereiftere Technologien und Maßnahmen im nicht-technischen Bereich zu setzen.

Wenn technologische Maßnahmen nicht ausreichen – und das ist anzunehmen – bekommt die Klimafrage eine völlig andere Dimension. Ideologien, Dogmen und grundlegende Wertefragen müssen dann diskutiert werden. Dieser Aspekt wird in den Kapiteln 9 und 11 noch in breiterem Zusammenhang diskutiert.

07

MUSTERLAND ÖSTERREICH?

**Österreich ist seit jeher
ein Umweltmusterland – oder nicht?**

/

**Genügt es nicht, dass wir Müll trennen
und LED-Lampen verwenden?**

/

**Werden Wind- und Sonnenenergie und
e-Fahrzeuge das Klimaproblem lösen?**

/

**Was nützt Klimaschutz, wenn dabei
die Wirtschaft zugrunde geht?**

Eine stolze Vergangenheit

In der öffentlichen Diskussion im Vorfeld der Volksabstimmung über den Beitritt zur Europäischen Union im Juni 1994 führten EU-Gegner ins Feld, dass Österreich als Vorreiter des Umweltschutzes bei einem EU-Beitritt nur verlieren könne. Unser Umweltschutz würde verwässert werden. Die Befürworter argumentierten, dass wir im Gegenteil die EU-Standards heben würden und von der verbesserten Luft- und Wasserqualität rundherum profitieren würden. Jedenfalls waren sich alle einig, dass Österreich im Umweltschutz den damals zwölf EU-Nationen voraus war. Damals war das auch wirklich so.

Nach einigen Episoden hoher Luftschadstoffkonzentrationen in den 1970er-Jahren in Österreich war die Luftqualität in den 1980er-Jahren deutlich gestiegen, unter anderem weil der zulässige Schwefelgehalt im „Heizöl schwer, mittel und leicht" wesentlich gesenkt wurde. Eine Maßnahme, die zentral von der OMV umgesetzt wurde, und – weil die OMV damals praktisch der einzige Öllieferant in Österreich war – sofortige Verbesserungen der Luftqualität in ganz Österreich brachte. Gegner der Luftreinhaltegesetze, unter anderem Teile der Elektrizitätswirtschaft, hatten angekündigt, dass die Lichter ausgehen würden, weil die Ölpreise so stark steigen würden – aber dazu kam es nie.

In den 1970er-Jahren gab es auch Probleme mit der Wasserqualität. Stickstoff und Phosphor aus Düngemitteln in der Landwirtschaft und Abwässer aus den Privathaushalten hatten zu einem enormen Algenwachstum in den österreichischen Seen geführt – sie drohten zu kippen. Das war eine Gefahr für den Tourismus. Deshalb wurden mithilfe großer Investitionsprogramme die Abwässer in Ringleitungen gesammelt und in kommunalen Kläranlagen gereinigt. Die Abwässer der Haushalte wurden praktisch flächendeckend der Klärung zugeführt. Heute haben 75 Prozent der österreichischen Flüsse und Seen eine sehr gute oder gute Wasserqualität.

Haben also die EU-Beitrittsbefürworter recht behalten? Hat Österreich die EU angespornt? Nach dem EU Beitritt wurden die österreichischen Umweltstandards zwar nicht gesenkt, wie die Gegner befürchtet hatten, aber es waren über etliche Jahre in Österreich auch keine nennenswerten Fortschritte zu verzeichnen. Das mag zu einem guten Teil darauf zurückzuführen sein, dass die ärgsten Missstände eben schon davor beseitigt worden waren. Die anderen EU-Mitglieder zogen in der Folge mit den österreichischen Standards weitgehend gleich. Wenn aber neue Schadstoffe begrenzt oder bestehende Grenzwerte verschärft werden sollten, ging die Initiative typischerweise von anderen Mitgliedsstaaten aus. Auf Österreich musste und muss sogar öfters Druck ausgeübt werden, denn hier stagniert der Umweltschutz. Wegen Belastungen durch Stickstoffdioxid (NO_2) – hier werden die Vorgaben der EU in mehreren österreichischen Städten praktisch jedes Jahr überschritten –, sah sich die EU sogar gezwungen, ein Vertragsverletzungsverfahren gegen Österreich einzuleiten. Auch bei Feinstaub und Ozon kommt es in Österreich regelmäßig zu Grenzwertüberschreitungen.

Österreich war also einmal ein Vorreiter in Umweltfragen, hat diese Rolle aber im Bereich der Luftreinhaltung bereits verloren. Die Situation Österreichs könnte man vergleichen mit der eines Kindes, das vor seiner Einschulung bereits lesen kann. In den ersten Monaten gehört es zu den Besten in der Klasse. Es versäumt aber den Zeitpunkt, ab dem es mitlernen muss und erkennt lange nicht, dass ihm inzwischen andere schon voraus sind. Den Österreichern wird immer noch gesagt, sie seien Musterschüler, obwohl dies im Bereich Luftqualität und Klimaschutz schon lange nicht mehr stimmt. Bei der Nationalratswahl 2017 und im darauf folgenden Regierungsprogramm ging es zum Beispiel um die Abschaffung des sogenannten „golden plating". Der Ausdruck beschreibt Maßnahmen einzelner Mitgliedsstaaten, die über die Vorschriften der EU hinausgehen. Die Abschaffung heißt also im Klartext, dass man systematisch verhindern will, dass Österreich eine Vorreiterrolle in der EU übernimmt. Damit bewahrheitet sich die Befürchtung der Beitrittsgegner viel später als gedacht und auf ganz unerwartete Weise – nicht als Druck der EU auf Österreich, sondern als nationale Politik.

Beim Klimaschutz hatte Österreich hervorragende Voraussetzungen, als die Debatte um Schutzmaßnahmen so richtig losging: Einen hohen Anteil an erneuerbaren Energien, vor allem Wasserkraft, und eine naturliebende, initiative und aufgeschlossene Bevölkerung. Leider setzt Österreich nicht nur auf der nationalen Ebene kaum Maßnahmen, sondern blockiert im Rahmen der EU sogar vorgeschlagene Klimaschutzmaßnahmen – oft gemeinsam mit Polen, das als kohlereiches Land als absolutes EU-Schlusslicht in Klimaschutzfragen gilt.

Lediglich hinsichtlich der Strategie zur Klimawandelanpassung zählt Österreich noch zu den Vorreitern. Als eines der ersten Länder hat es 2012 eine „Strategie zur Anpassung an den Klimawandel" umgesetzt. Inzwischen wurde die Strategie auf Basis neuer wissenschaftlicher Ergebnisse und der Erfahrungen der ersten Jahre bereits aktualisiert. Sie soll helfen, nachteilige Auswirkungen des Klimawandels auf Umwelt, Gesellschaft und Wirtschaft zu vermeiden und sich ergebende Chancen zu nutzen. Die Umsetzung der Strategie erfolgt in enger Zusammenarbeit zwischen Bund und Ländern. Der staatliche Klima- und Energiefonds unterstützt seit 2018 die Umsetzung der Klimaanpassungsstrategie in sogenannten Modellregionen durch Beratungsleistungen. In zunehmendem Maße wird den einzelnen Sektoren und Regionen die Notwendigkeit von Anpassungsmaßnahmen bewusst, da die Zahl der Extremereignisse mit hohen Kosten für die öffentliche Hand und Private steigt. In einigen Bereichen, vor allem in der Landwirtschaft, droht allerdings der Klimawandel den Anpassungsmaßnahmen davonzulaufen (vgl. Kapitel 4).

Wie viele Treibhausgase blasen wir in die Luft – *und woher kommen sie?*

Seit etwa 1990 bewegen sich die österreichischen Treibhausgasemissionen auf etwa gleichem Niveau von 80 Millionen Tonnen CO_2-Äquivalenten (Abbildung 7-1). In den Jahren 2002 bis 2005 stieg der Wert auf fast 93

Millionen Tonnen, ist aber danach wieder auf rund 80 Tonnen gefallen. Mit dem Kyotoprotokoll hatte sich Österreich verpflichtet, für den Zeitraum 2008 bis 2012 auf 68,8 Millionen Tonnen herunterzukommen. Wie sich zeigt, sind wir auch 2018, sechs Jahre nach Ablauf der Frist, noch nicht bei diesem Wert. In den letzten Jahren nehmen die Treibhausgasemissionen in Österreich sogar wieder leicht zu.

Österreich war am Ende der Kyoto-Vertragsperiode neben Liechtenstein das einzige Land, das eine Reduktion versprochen hatte, aber eine Zunahme verzeichnete. Trotzdem wird von offizieller Seite immer wieder betont, Österreich habe sein Kyoto-Ziel erreicht. Dabei werden Reduktionsmaßnahmen mit einberechnet, die Österreich in anderen Ländern – insbesondere Litauen – finanziert hat. Formal ist die offizielle Darstellung korrekt, weil das Kyotoprotokoll diese Art von „Geschäft" wie erwähnt als sogenanntes Joint-Implementation-Instrument zugelassen hat. In der Realität haben die für Zertifikate ausgegebenen 500 Millionen Euro, keinen Beitrag zur dauerhaften Reduktion der Treibhausgasemissionen in Österreich geleistet. Hätte man stattdessen Häuser wärmegedämmt oder Wind-

↓ **Abbildung 7-1:** Verlauf der österreichischen Treibhausgasemissionen 1990 bis 2016 und Zielvorgabe laut Kyotoprotokoll für den Zeitraum 2008–2012[8]

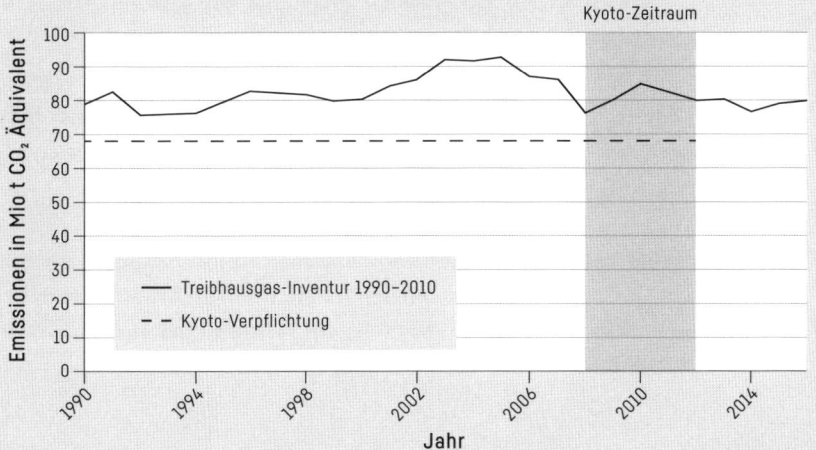

oder Solaranlagen gefördert, wäre das Geld in Österreich geblieben und die Maßnahmen hätten zu einer dauerhaften Minderung der Emissionen in Österreich geführt.

Will man die Treibhausgasemissionen international vergleichen, ist es zweckmäßig, die Emissionen pro Kopf anzusehen, das heißt, wie viel Treibhausgasemissionen auf jeden Staatsbürger kämen, wenn alle Bürger eines Staates gleich viel Emissionen verursachten. In Österreich wurden 2017 rund 9,2 Tonnen CO_2-Äquivalente pro Person freigesetzt, der Durchschnitt der 28 EU-Staaten lag bei 8,4 Tonnen. Österreich liegt somit an 18. Stelle in Europa, weit hinter Schweden, aber auch hinter Frankreich, Großbritannien und Dänemark. Deutschland liegt mit 11,1 Tonnen etwas höher als Österreich.

Österreich ist daher, auch was die Treibhausgasemissionen betrifft, keineswegs ein Musterschüler. Unsere Emissionen liegen nicht nur höher als die der meisten anderen europäischen Länder, sie schrumpfen auch langsamer. Im europäischen Schnitt betrug die Reduktion seit 1990 fast 30 Prozent. In der Schweiz sind die Pro-Kopf-Emissionen seit 1990 um 27 Prozent auf etwa fünf Tonnen pro Jahr gefallen – teils aufgrund von Bevölkerungsentwicklung, teils aufgrund von Emissionsreduktionsmaßnahmen. In Österreich ist nur eine Reduktion um 11 Prozent gelungen.

Dass die Emissionen nicht noch stärker ansteigen, ist in erster Linie den Aktivitäten auf der Ebene von Gemeinden und Regionen sowie Einzelpersonen und Firmen zu verdanken (vgl. Kapitel 10). Insbesondere der staatliche Klima- und Energiefonds hat sehr viel zur Umsetzung von Klimaschutzmaßnahmen auf diesen Ebenen beigetragen. Auch auf Landesebene sind Erfolge zu verzeichnen – so sind einige Bundesländer, allen voran das Burgenland, hinsichtlich der Stromproduktion vollständig auf erneuerbare Energieträger umgestiegen.

In Österreich liegt der Anteil von Kohlendioxid am Klimawandel bei ca. 85 Prozent, das ist höher als im globalen Schnitt (75 Prozent). Methan trägt hingegen nur etwa 8 Prozent und Lachgas 4,5 Prozent bei. Kohlendioxid entsteht primär aus der Verbrennung fossiler Brennstoffe in Heizkesseln und Motoren, bei der Zementproduktion und bei der Bodenbearbeitung in der Landwirtschaft. Methan entsteht vor allem bei mikrobiologischen Gärungsprozessen in den Mägen von Wiederkäuern (Rinder, Schafe, Ziegen) und in Mülldeponien; Lachgas bei Abbauprozessen von stickstoffhaltigen Verbindungen, zum Beispiel in Düngemitteln, in Abgaskatalysatoren beim Abbau von Stickstoffoxiden und in der chemischen Industrie. Die übrigen Treibhausgase, hauptsächlich fluorierte Gase, entstehen vor allem in der Kältetechnik und in der Industrie. Sie liegen mengenmäßig und hinsichtlich ihres Beitrags zum Klimawandel niedriger, die Emissionen haben aber in den letzten Jahren zugenommen.

Welche Sektoren tragen
zu den Treibhausgasemissionen bei?

Der Großteil der Treibhausgasemissionen geht auf den Sektor *Energie und Industrie* zurück, der mit 44 Prozent im Jahr 2016 fast die Hälfte der österreichischen Emissionen verursachte. Etwa vier Fünftel davon entfallen auf Industrieemissionen, ein Fünftel kommt aus der Energiebereitstellung.

Unter den *Industriebetrieben* verursacht die Eisen- und Stahlindustrie die höchsten Emissionen – etwa doppelt so viel wie die öffentliche Strom- und Wärmeproduktion (Kraftwerke, Heizwerke etc., die ins öffentliche Netz einspeisen). Obwohl Zementproduktion an sich sehr hohe Treibhausgasemissionen verursacht, schlägt sie wegen der geringen Produktionsmengen in der Treibhausgasbilanz Österreichs kaum zu Buche. Mehr Treibhausgase tragen in Summe die Papier- und Zellstoffindustrie, die chemische Industrie und die Lebensmittelindustrie bei. Es ist eine Vielzahl von mittleren und kleinen Betrieben, die in Summe die Emissionen verursachen. Im Großen und Ganzen ist es der Industrie gelungen, durch Umstieg von Kohle und Öl auf Gas und Biomasse und durch Effizienzsteigerungen in Produktion und Betrieb die Treibhausgasemissionen pro erzeugtem

Produkt zu reduzieren. Dem Wachstum der Produktivität entspricht daher ein geringeres Wachstum der Treibhausgasemissionen. Man spricht von einer relativen Entkoppelung. Eine absolute Entkoppelung wäre wirtschaftliches Wachstum bei sinkenden Treibhausgasemissionen – eine Leistung, die in Bezug auf die Gesamtwirtschaft bisher keinem Industriestaat über längere Zeit gelungen ist, ohne emissionsintensive Produktionen ins Ausland verlagert zu haben.

Die Energieversorgung Österreichs (Strom, Treibstoff und Wärme) beruht zu rund 36 Prozent auf Erdöl, 9 Prozent auf Kohle und 21 Prozent auf Gas, also zu zwei Dritteln auf fossilen Energien. Das übrige Drittel kommt aus erneuerbaren Quellen, vor allem Biomasse und Wasserkraft. Von den rund 1.200 Petajoule Energieverbrauch in Österreich werden nur rund 500 Petajoule in Österreich gewonnen – für fast zwei Drittel seines Energiebedarfs ist Österreich auf Importe angewiesen. Wärme wird in Österreich etwa zur Hälfte aus fossilen Energien erzeugt, der Großteil davon aus Gas.

↓ **Abbildung 7-2:** Entwicklung des österreichischen Bruttoinlandsenergieverbrauchs, des Stromverbrauchs, der nationalen Treibhausgasemissionen und des Bruttoinlandsproduktes von 1990 bis 2016 relativ zum Jahr 1990 in Prozent[9]

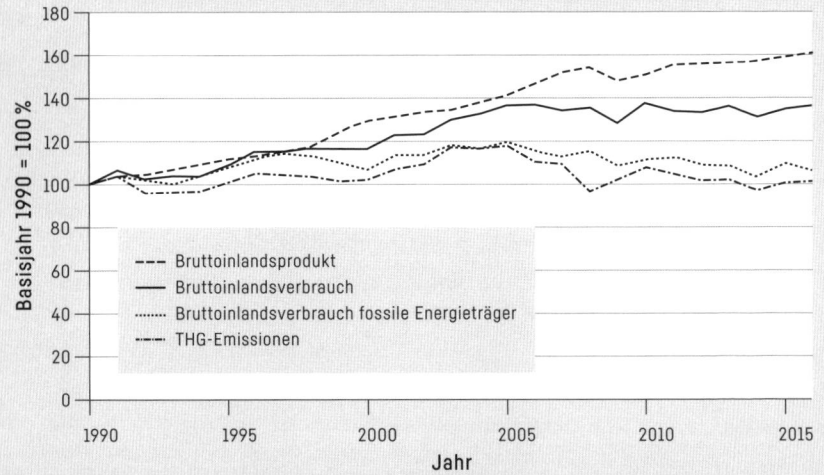

Während der Gesamtenergieverbrauch in Österreich im letzten Jahrzehnt ziemlich konstant war (vgl. Abbildung 7-2), ist der Stromverbrauch kontinuierlich gestiegen. Die *Stromerzeugung* in Österreich erfolgt zum überwiegenden Teil aus Wasserkraft (etwa zwei Drittel) und aus fossil befeuerten kalorischen Kraftwerken (ca. ein Viertel, sinkend). Pro Einheit erzeugter Energie sind die Emissionen der kalorischen Kraftwerke bei den Kohlekraftwerken am höchsten, bei den Gaskraftwerken am niedrigsten. Trotz steigenden Stromverbrauches sind die Treibhausgasemissionen im letzten Jahrzehnt kontinuierlich gefallen. Das geht einerseits auf einen steigenden Anteil erneuerbarer Energien zurück, zum anderen auf die Stilllegung von Kohlekraftwerken. Mindestens fünf große Kohlekraftwerke wurden aus wirtschaftlichen Gründen stillgelegt, einige wurden auch bereits abgerissen. Kohlestrom ist – selbst wenn das Kraftwerk bereits steht – inzwischen deutlich teurer als Gas und erneuerbare Energien. Österreich importiert nicht nur fossile Energieträger, sondern in geringem Maß auch Strom, wobei die Emissionen, die mit der Erzeugung dieses Stromes einhergehen, nach der produktionsbezogenen Berechnung nicht Österreich, sondern dem Erzeugerland zugerechnet werden. Die produzierende Industrie und das produzierende Gewerbe verbrauchen etwas mehr als ein Drittel des Stroms in Österreich; die Privathaushalte rund ein Viertel und der Dienstleistungsbereich knapp ein Fünftel. Der Rest verteilt sich auf Eigenverbrauch der Kraftwerke und Leitungsverluste, Verkehr und Landwirtschaft.

Die Entwicklung der erneuerbaren Energien spiegelt die inkonsistente Förderpolitik in Österreich wider: Phasen starker Zunahmen wechseln mit Stagnationsphasen. Insgesamt ist die installierte Leistung zur Stromerzeugung deutlich angewachsen, doch steigt der Stromverbrauch schneller, sodass der Anteil der Erneuerbaren im Sinken begriffen ist.

Der Sektor mit dem zweitgrößten Treibhausgasbeitrag ist der *Verkehr* mit 29 Prozent der nationalen Emissionen. Die Treibhausgasemissionen im Verkehrssektor haben seit 1990 mehr als die irgendeines anderen Sektors zugenommen: Sie sind um 60 Prozent gestiegen. Auch die Pro-Kopf-Emissionen haben zugenommen: Über 95 Prozent gehen auf den Straßenverkehr zurück, davon etwa die Hälfte auf den Individualverkehr. In Wien sind die Emissionen pro Kopf wegen des hohen Anteils an öffentlichem Verkehr am niedrigsten. Dem durch die niedrigen Treibstoffsteuern in Österreich erzeugten Tanktourismus werden etwa 25 Prozent der Treibhausgasemissionen des Verkehrs zugeschrieben.

Der Beitrag der *Gebäude* liegt bei ca. 10 Prozent der gesamten nationalen Treibhausgasemissionen. Der Energiebedarf der Haushalte in Österreich stagniert auf hohem Niveau, weil die Bevölkerungszahl steigt, vor allem aber die Zahl der Haushalte und die durchschnittliche Fläche pro Haushalt. Die Zahl der Gebäude hat sich in den letzten 40 Jahren etwa verdoppelt. Lebten früher zwei und drei Generationen in einem Haushalt, sind es jetzt meist nur vorübergehend zwei. Junge Erwachsene gründen viel früher einen eigenen Haushalt. Die Wohnfläche hat sich im Durchschnitt in den letzten 40 Jahren verdoppelt und der Anteil an Ein- und Zweifamilienhäusern ist gestiegen.

Etwa die Hälfte aller *Haushalte* in Österreich heizten mit fossilen Brennstoffen, insbesondere Gas, bei Neubauten geht der Gasanteil zugunsten von Wärmepumpen und Fernwärme deutlich zurück. Fernwärme kommt etwa zur Hälfte aus erneuerbaren Energien oder aus der Müllverbrennung. Öl spielt im Neubau praktisch keine Rolle mehr und soll nach der Klima- und Energiestrategie auch in absehbarer Zeit verboten werden. Die erhöhte Energieeffizienz durch technologische Fortschritte in der Wärmedämmung kann das Wachstum an Wohnfläche nicht kompensieren. Die Sanierung alter Gebäude geht viel zu langsam vor sich – pro Jahr werden etwa 1 bis 2 Prozent der Häuser saniert. Bei diesen Raten würde es 50 bis 100 Jahre dauern, bis alle Häuser saniert wären.

Die restlichen Treibhausgasemissionen gehen auf die *Landwirtschaft* (10 Prozent) und die *Abfallwirtschaft* (7 Prozent) zurück. In beiden Bereichen wurden in den letzten Jahrzehnten Emissionsreduktionen festgestellt. In der Landwirtschaft sind diese auf verschiedene Faktoren wie reduzierten Viehbestand, erhöhte Milchleistung, Änderungen im Düngermanagement und Rückgang des Mineraldüngereinsatzes zurückzuführen.

In der Abfallwirtschaft werden Methanemissionen, die früher von der Deponie einfach ausgasten, abgeleitet und thermisch verwertet.

Zusammenfassend kann man festhalten, dass Österreich immer noch zu einem hohen Anteil auf fossile Energien angewiesen ist, dass der Energiebedarf aufgrund der Zunahme der Produktivität steigt, es aber gelungen ist, die Treibhausgasemissionen nicht in gleichem Maße mitsteigen zu lassen. Eine systembedingte Trendwende hin zu sinkenden Treibhausgasemissionen ist nicht festzustellen. Im internationalen Vergleich der Treibhausgasemissionen pro Kopf liegt Österreich im Mittelfeld, fällt aber wie erwähnt bei den Reduktionen im Vergleich zu 1990 deutlich zurück.

Welche Verpflichtung erlegt uns *das Pariser Abkommen auf?*

Nach dem globalen Sachstandsbericht 2013 des IPCC können die 2 °C nur eingehalten werden, wenn die Gesamtmenge an seit der industriellen Revolution emittiertem CO_2 3.200 Gt nicht übersteigt. Die 1,5 °C einzuhalten, bedeutet entsprechend weniger Emissionen. Bisher wurden weltweit bereits etwa 2.200 Gt CO_2 emittiert, sodass noch ein Puffer von rund 1.000 Gt CO_2 verbleibt. Global wird dieser, wie in Kapitel 6 ausgeführt, in etwa 20 Jahren aufgebraucht sein. Legt man diese Menge auf Österreich nach dem Schlüssel der Bevölkerung um, bedeutet dies, dass Österreich etwa ein Tausendstel der globalen Emissionen zustehen. Das ergibt rund eine Gigatonne, die bei heutigen Treibhausgasemissionen in Österreich schon etwa 2030 aufgebraucht wäre. Dieser Zeitraum kann in ethisch vertretbarer Weise nur verlängert werden, wenn die Emissionen möglichst rasch und möglichst stark reduziert werden.

In Abbildung 7-3 sind die kumulierten Treibhausgasemissionen Österreichs dargestellt: In den 40 Jahren von 1950 bis 1990 wurden etwa zwei Milliarden Tonnen CO_2-Äquivalente emittiert. Eine ähnliche Menge wurde in den 25 Folgejahren bis 2017 emittiert. Bei Zugrundelegung der aktuellen Emissionen von 80 Millionen Tonnen im Jahr und einem Budget von 1.000 beziehungsweise 1.500 Millionen Tonnen ist dieses Budget bis 2030 beziehungsweise bis 2036 aufgebraucht (Rechtecke in der Abbildung). Reduziert man zu Beginn rasch, kann das Budget bis 2050 gestreckt werden (schraffierte Flächen).

↓ **Abbildung 7-3:** Historische Treibhausgasemissionen Österreichs seit 1950 und verbleibendes Budget[10]

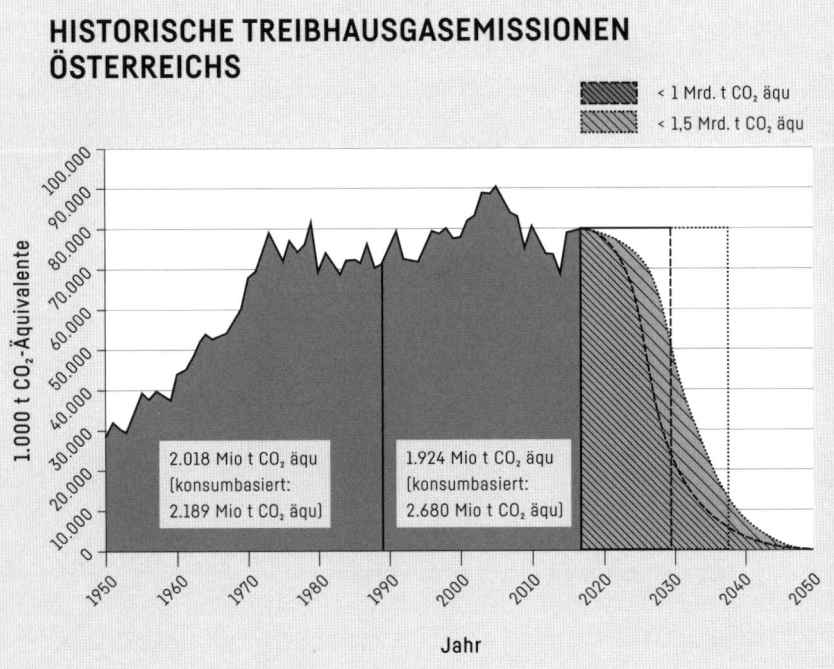

IST DIESES ZIEL ÜBERHAUPT ERREICHBAR?

Natürlich stellt sich die Frage, ob dieses Ziel überhaupt erreichbar ist. Mehrere Studien kommen zu dem Schluss, dass das 2-Grad-Ziel jedenfalls erreichbar ist – sowohl im internationalen wie im nationalen Rahmen. Allerdings bedarf es raschen Handelns und einer Vielfalt von Maßnahmen. Da erwartet wird, dass in den Industriestaaten die Emissionen bis 2040 auf null sinken, ist die Frage des Beitrags einzelner Reduktionsmaßnahmen nicht so wesentlich. Aber kurzfristig umsetzbare Maßnahmen müssen möglichst frühzeitig ergriffen werden, damit man möglichst rasch von den reduzierten Emissionen profitieren kann und das Treibhausgasbudget früh entlastet wird.

Bewusstseinsbildung und geeignete Anreize vorausgesetzt, zählen Verhaltensänderungen zu den rasch umsetzbaren Maßnahmen. Dabei ist es nicht notwendig, dass alle Menschen ihre Gewohnheiten sofort und gleichartig umstellen – es gibt verschiedene Möglichkeiten, sein Leben klimafreundlicher zu gestalten. Dies wird im Detail noch in Kapitel 11 besprochen, hier sei nur das große Bild gezeichnet.

ERNÄHRUNG

Sehr schnell umsetzbar und auch aus gesundheitlichen Gründen sehr empfehlenswert wäre die Änderung der Ernährungsgewohnheiten. Dies würde bei veganer Ernährung Treibhausgaseinsparungen von bis zu 70 Prozent gegenüber dem Durchschnitt im Ernährungssektor ermöglichen, aber 30 Prozent wären auch mit mäßigem Fleischkonsum leicht erzielbar. Weniger Fleisch und Milchprodukte, dafür aber mehr Getreide, Gemüse und Obst würde die Lebensqualität der derzeit fettleibigen und übergewichtigen Menschen erhöhen, dem Staat aufgrund geringerer Ausgaben für das Gesundheitswesen Kosten ersparen und wesentlich zum Klimaschutz beitragen.

Umstieg auf Produkte aus biologischer Landwirtschaft reduziert die Emissionen unabhängig davon, was man isst, um 25 Prozent. Kerngrundsätze der biologischen Landwirtschaft sind, keine Pflanzengifte und keinen Kunstdünger zu verwenden. Dies schont den Boden und schafft gesunde Lebensmittel ohne Giftrückstände. Da die biologische Landwirtschaft zum Aufbau von fruchtbarem Boden (Humus) führt, wird Kohlenstoff im Boden gespeichert, sodass weniger in der Atmosphäre verbleibt. Zusätzlich zu den eigentlichen Zielsetzungen leistet sie damit auch einen Beitrag zum Klimaschutz. Der Boden ist dann übrigens auch gegenüber Dürren und Dauerregen widerstandsfähiger. Derzeit gibt es über 23.000 Biobetriebe in Österreich, das sind etwa 20 Prozent der landwirtschaftlichen Betriebe Österreichs. Ungefähr 22 Prozent der landwirtschaftlichen Flächen (rd. 550.000 Hektar, inkl. Bio-Almen) werden biologisch bewirtschaftet – weltweit ein Spitzenwert.

Käme zur Ernährungsumstellung noch weniger Lebensmittelvergeudung hinzu, würden sich die Emissionen innerhalb weniger Jahre weiter reduzieren. In Österreich fallen im Handel jährlich 75.000 Tonnen vermeidbare Lebensmittelabfälle an, plus 35.000 Tonnen Brot und Gebäck, die zum Teil weiterverarbeitet oder verfüttert werden. Aus den Haushalten kommen jährlich 200.000 bis 250.000 Tonnen vermeidbare Abfälle, also doppelt so viel wie vom Handel!

Bei der Abfallmenge spielt eine gewisse Rolle, dass das auf Lebensmitteln angegebene Mindesthaltbarkeitsdatum (MHD) von vielen als „Ablaufdatum" verstanden wird, nach dem die Lebensmittel nicht mehr genießbar sind. Das ist allerdings ein grobes Missverständnis. Das angegebene Datum besagt nur, dass der Hersteller bis zu diesem Termin höchste Qualität garantiert. Kaum ein Lebensmittel ist nach Ablauf dieses Datums nicht mehr genießbar. Viele verlieren wesentlich länger ihre Qualität nicht oder haben nur geringe Qualitätseinbußen. Insbesondere Trockenware wie Nudeln, Mehl, Reis, Kaffee und Tee käme sehr gut auch ohne MHD aus. Es lohnt sich also, selbst zu prüfen, ob ein Lebensmittel noch gut ist, bevor man es entsorgt. Von staatlicher beziehungsweise EU-Seite sollten die Regelungen überprüft werden, die den Verkauf von Waren nach Erreichen des MHD verbieten.

Vergleichsweise wenig ist über die Verluste bekannt, die schon passieren, bevor die Lebensmittel überhaupt in den Handel kommen. In Bezug auf Obst und Gemüse wird geschätzt, dass in Österreich etwa ein Viertel nicht geerntet oder gleich aussortiert wird, weil die Produkte bestehende Regelungen nicht erfüllen oder weil sie nicht so gut aussehen, wie der Handel oder die Konsumenten sich das wünschen. 5 Prozent gehen beim Transport verloren und 10 Prozent im Handel. Die Konsumenten werfen etwa 19 Prozent weg. Auch hier sollte das bei den Konsumenten beginnende Umdenken unterstützt werden: Der Geschmack von Obst und Gemüse wird wieder wichtiger als das Aussehen. Mit jedem weggeworfenen Lebensmittel sind überflüssige Treibhausgasemissionen verbunden, die eingespart werden könnten, ohne Verlust an Lebensqualität. Ein sorgfältigerer Umgang mit Lebensmitteln erspart dem einzelnen Haushalt Kosten, aber auch den Gemeinden, die weniger für Müllentsorgung ausgeben müssen.

ENERGIEEFFIZIENZ

Für Österreich gilt, ebenso wie auf globaler Ebene, dass eine Senkung des Energiebedarfs eine wichtige Voraussetzung für den Ersatz fossiler Energien durch erneuerbare ist. Mehrere Studien für Österreich haben trotz unterschiedlicher Annahmen übereinstimmend gezeigt, dass eine Bedarfsreduktion um 50 Prozent realistisch ist und dass die verbleibenden 50 Prozent des Energiebedarfs mit erneuerbarer Energie aus Österreich gedeckt werden können. Die Österreichische Klima- und Energiestrategie *mission2030* sieht jedoch bis 2030 keine Senkung des Energiebedarfs vor und enthält keine Angaben für den Zeitraum danach. Die Reduktion des Energiebedarfs ist großteils über Effizienzmaßnahmen realisierbar. In vielen Bereichen (Haushalte, Industrie) wird eine Emissionsreduktion um bis zu 50 Prozent erwartet. Auch hier profitieren das Klima und der Nutzer, der mit geringeren Energiekosten die gleiche Leistung bekommen kann. So sind Haushaltsgeräte wie Waschmaschine, Kühl- und Gefrierschrank oder Flachbildschirm wesentlich sparsamer im Stromverbrauch geworden, sodass die Energieausweise ständig nach oben erweitert werden müssen: Aus A, B, C ist A+++, A++ etc. geworden. Da die Herstellung dieser Geräte aber auch Ressourcen erfordert, macht es Sinn, vorhandene Geräte bis zu ihrem Lebensende zu gebrauchen und dann bei einer Neuanschaffung auf Energieeffizienz zu achten.

Effizienz kann auch bedeuten, Produkte nicht mehr zu besitzen, sondern nur auszuleihen. Typisches Beispiel ist die elektrische Bohrmaschine, die fast jeder Haushalt besitzt und die – wie Untersuchungen gezeigt haben – im Schnitt eine Stunde pro Jahr in Verwendung ist. Es müssten also wesentlich weniger Energie und Ressourcen in die Erzeugung von Bohrmaschinen investiert werden, wenn sie gemeinsam genutzt würden. Im Mobilitätsbereich spielt dasselbe Prinzip über das Carsharing bereits eine zunehmend wichtige Rolle.

MOBILITÄT

Über 80 Prozent der Mobilität in Österreich ist auf fossilen Energien aufgebaut. Angesichts der Zögerlichkeit der Politik, in diesen Bereich regulierend einzugreifen, erschien der Mobilitätssektor bis vor Kurzem als ein großes Hemmnis bei der Erreichung der Klimaziele. Inzwischen haben mehrere Städte und einige Staaten wie Norwegen, Deutschland und die Niederlande ein Auslaufen der Zulassung von Verbrennungskraftmotoren in Fahrzeugen bis spätestens 2030 beschlossen. Das wird nicht ohne Wirkung auf die Automobilbranche bleiben und dem Umbruch in dieser Branche eine eindeutige Richtung geben. Davon wird auch Österreich profitieren. Im Lkw-Bereich könnte Österreich sogar eine Vorreiterrolle einnehmen, weil sich auf Anregung des Spediteurs Max Schachinger vor einigen Jahren die großen Logistikfirmen Österreichs zu einem an der Universität für Bodenkultur angesiedelten „Nachhaltigen Logistik Council" zusammengeschlossen haben und gemeinsam an der Elektrifizierung der Lkw-Flotte und dem Ausbau der Infrastruktur arbeiten.

Das Ersetzen von Kurzstreckenflügen durch Intercity-Bahn- und Busverbindungen kann ebenfalls einen wichtigen Beitrag leisten.

Im Verkehrsbereich geht es aber keineswegs nur um den Übergang zu Elektromobilität. Es geht vielmehr darum, Städte und Siedlungsräume so zu planen, dass alle wichtigen Wege zu Fuß, mit dem Fahrrad oder mit öffentlichen Verkehrsmitteln bewältigt werden können. In einigen Ortschaften und Städten können derartige Maßnahmen rasch umgesetzt werden, bei anderen werden eher lange Vorlaufzeiten nötig sein. Jedenfalls sollten bei Neuplanungen diese Aspekte berücksichtigt werden, denn Raumplanungsentscheidungen haben lange Nachwirkungen. Man nennt dies auch Lock-in-Effekte, das heißt, man bindet sich über längere Zeiträume an gewisse Emissionen, weil man die Planungsfehler nicht rückgängig machen kann.

GEBÄUDE

Das Vermeiden solcher Lock-in-Effekte ist besonders im Bausektor wichtig, denn Gebäude werden für Jahrzehnte errichtet. Zur Erreichung der Klimaziele müssten möglichst bald, spätestens aber ab 2030, Gebäude nur noch mit treibhausgasneutralen (oder -negativen) Baustoffen errichtet werden, das heißt, dass der Bausektor entweder emissionsfreien Zement und Stahl einsetzt oder Holz, Stein oder Karbonfasern. Technologien für emissionsarme Zement- und Stahlproduktion gibt es, sie sind aber noch keineswegs durchgängig eingesetzt. Besonders wichtig sind aber Maßnahmen am Bestand. Der durchschnittliche Heizwärmebedarf im Altbestand beträgt 115 bis 250 Kilowattstunden pro Quadratmeter und Jahr – im Vergleich dazu beträgt er weniger als zehn Kilowattstunden in einem modernen Passivhaus. Eine Studie in Deutschland hat gezeigt, dass bei der umfassenden Sanierung von Altbestand, also zum Beispiel dem Austausch von Fenstern und Türen, thermischer Fassadensanierung, Wärmedämmung der obersten und untersten Geschoßdecke oder dem Heizkesseltausch, im Mittel Energieeinsparungen von 76 Prozent erzielt werden können. Das setzt sich bei fossiler Heizung praktisch eins zu eins in eine Reduktion der Treibhausgasemissionen um.

Österreich zählte und zählt immer noch zu den Vorreitern bei der Entwicklung von Niedrigenergie- und Passivhäusern, Häusern, die praktisch keine Energie von außen brauchen. Sie sind so gut gedämmt, dass sie an sich wenig Heizenergie brauchen, und diese gewinnen sie durch ihre eigenen Energieanlagen (meist Solaranlagen). Für besonders kalte Wintertage oder Kälteperioden gibt es unter Umständen noch einen Notfallofen. Von den mehreren Tausend Passivhäusern und -wohnungen weltweit befindet sich derzeit etwa die Hälfte in Österreich! Mit dem Schiestlhaus am Hochschwab wurde 2005 auf 2.154 Metern Seehöhe das erste hochalpine Gebäude in Passivbauweise gebaut. Aufsehen erregte auch das als Passivhaus gestaltete Österreich-Haus bei den Olympischen Winterspielen 2010 in Vancouver, das österreichisches Know-how auch in Kanada und den USA bekannt machte. Nicht zuletzt wegen der dadurch entstandenen Nachfrage bieten die Universität für Bodenkultur und die Technische Universität Wien mit einer Reihe von Partnerinstitutionen unter dem Titel „Green Building Solutions" jeden Sommer einen international stark nachgefragten Kurs zur Passivhaustechnologie an. Klare Zeichen für die Vorreiterrolle, die Österreich hier einnimmt.

Erneuerbare Energie im Privathaus ist aber in Österreich nichts Neues. In den 1980er-Jahren hatte Österreich weltweit pro Flächeneinheit die meisten Solaranlagen auf den Dächern. Insbesondere die Steiermark war hier Vorreiter. Dabei gab es kaum Förderungen. Die Menschen haben sich aus eigenem Antrieb und auf eigene Kosten Solaranlagen angeschafft. Sie haben Kurse besucht und sich dann selbst ihre eigene Solaranlage gebaut. Das Ersparte für eine Solaranlage statt für ein Luxusfahrzeug auszugeben gehörte sozusagen zum guten Ton. Man hatte seinen Mercedes eben am Dach. Es wurden in erster Linie thermische Solaranlagen errichtet, also Anlagen zur Erzeugung von Warmwasser und zum Betrieb der Heizung. Die Fotovoltaikanlagen, die mithilfe von Sonnenenergie Strom erzeugen, fanden erst später Verbreitung.

Wie diese Beispiele zeigen, war die Bevölkerung schon sehr früh offen für neue, umweltschonende und wirtschaftlich interessante Technologien. Es wäre so gesehen damals ein Leichtes gewesen, die Bauordnungen an die neuen Möglichkeiten anzupassen und Wohnbauförderung streng an Passivhäuser und Solarheizungen zu koppeln. Man sollte dem derzeitigen Ruf nach „leistbarem Wohnen" nicht durch billiges Bauen zum Preis von teurem Heizen nachkommen. Die Errichtung von Passiv- und Plusenergie- häusern verursacht zwar geringfügig höhere Baukosten, aber die Folge- kosten für die Bewohner sind wesentlich niedriger. Man kann also leist- bares Wohnen sehr gut mit Klimaschutz verbinden. Ein Anheben der Sanierungsrate durch staatliche Investitionsprogramme würde Arbeits- plätze vor allem in Klein- und Mittelbetrieben schaffen, denn Gebäude- sanierung erfordert Handwerk, bei dem es nicht um den Einsatz großer Maschinen geht.

KONSUM

Das Kyotoprotokoll hat vorgeschrieben, um wie viel Prozent die Emissio- nen, die im eigenen Land entstehen, zu reduzieren sind. Deshalb wurden die Emissionen ihrem Entstehungsort zugerechnet. So werden die Emissi- onen aus Benzin und Diesel, die in Österreich in die Tanks gefüllt werden, Österreich zugerechnet, auch wenn die Lkw den Großteil des Diesels im Ausland verfahren. Diese sogenannten produktionsbezogenen Emissio- nen wurden in Österreich wegen des Tanktourismus immer als unfair dar- gestellt – es würde uns eigentlich mehr zugerechnet, als wir verbrauchen. Man kann natürlich auch die Emissionen jenen Ländern zurechnen, die den Nutzen von dem Produkt oder der Energie haben. Das ist verrech- nungstechnisch komplizierter, aber es wurden verschiedene Abschätzun- gen für diese sogenannten konsumbasierten Emissionen gemacht. Die Emissionen der importierten Waren wurden errechnet und die Emissio- nen der exportierten Waren davon abgezogen und die Differenz zu den im Land verursachten und genutzten Emissionen addiert. In der Bilanz ergibt sich, dass die Treibhausgasemissionen in Österreich nach dieser konsum- basierten Berechnungsart um 40 bis 60 Prozent höher liegen als nach der produktionsbezogenen. Das zeigt einerseits, dass die Emissionen aus dem sogenannten Tanktourismus durch Importe von Produkten überkompensiert werden, andererseits aber auch, dass der Konsum an importierten Produkten einen ganz wesentlichen Anteil der Treibhausgasemissionen Österreichs ausmacht.

Bisher haben sich bereits 49 Länder zur Kohlenstoffneutralität bis 2050 verpflichtet (darunter europäische Länder wie Norwegen oder Schweden). Österreich hat aktuell im Klimaschutzgesetz nur Ziele für 2020 festgelegt, in wenigen Bereichen macht die Klima- und Energiestrategie Vorgaben bis 2030, jedoch gibt es keine konkreten Ziele über diesen Zeitraum hinaus.

Abschließend sei betont, dass die hier vorgestellten Maßnahmen und Möglichkeiten und die vielen nicht erwähnten erhebliche staatliche Lenkung, Innovationen in der Wirtschaft und weitreichende Bereitschaft der Bevölkerung, Gewohnheiten zu ändern, erfordern. Klimaschutz passiert nicht von selbst und automatisch. Die Aufgabe erfordert einen ähnlichen gemeinsamen Kraftakt der Bevölkerung und ihrer politischen Vertreter wie der Wiederaufbau nach dem Zweiten Weltkrieg. Der Aufwand lohnt sich aber. Denn wenn nicht mindestens das Pariser 2-Grad-Ziel erreicht wird, werden die finanziell bezifferbaren Klimafolgeschäden allein in Österreich bis zur Mitte des Jahrhunderts auf zumindest 4,2 bis 8,8 Milliarden Euro jährlich anwachsen und danach weiter ansteigen.

Woran scheitert es derzeit?

Anders als in den USA oder Großbritannien gibt es in Österreich keine lautstark klimaskeptischen Gruppierungen von politischer Relevanz. Die Freiheitliche Partei Österreichs stellt zwar offiziell den Klimawandel infrage und lädt auch immer wieder Klimaskeptiker aus dem Ausland zu Vorträgen ein, sie setzt auch Maßnahmen, die kontraproduktiv sind, wie die 2018 lokal eingeführte Tempoerhöhung auf Autobahnen, aber sie wehrt sich nicht gegen Klimaschutzmaßnahmen, wie etwa den Umstieg auf erneuerbare Energien oder Energieeffizienzerhöhungen – sie begründet sie nur nicht mit Klimaschutz.

Die wesentlichen politischen Kräfte in Österreich scheinen den Klimawandel zur Kenntnis genommen zu haben, auch, dass er vom Menschen verursacht wird. Sie ziehen aber sehr unterschiedliche Schlüsse, was daraus zu folgen habe. Die Industriellenvereinigung steht seit Jahren auf dem Standpunkt, dass die österreichische Wirtschaft schon viel getan habe und dass jetzt andere – etwa China – am Zug wären. Vom notwendigen Gleichschritt in der globalen, jedenfalls aber europäischen Klimapolitik ist die Rede. Die Arbeitnehmerseite – Gewerkschaften und Arbeiterkammer – bekräftigen die Notwendigkeit, zu handeln, aber was immer geschieht, dürfe nicht zulasten der Arbeitnehmer gehen. Wenn die Arbeitgeber- und die Arbeitnehmerseite um Löhne, Arbeitszeiten, Urlaubs- und Pensionsrechte verhandeln, dann haben beide Seiten massives Interesse daran, eine Lösung zu finden. In der Klimafrage müssen sie sich nicht einigen – das Alltagsgeschäft läuft auch ohne Lösung weiter. Die Sozialpartner, die über den gesamten Zeitraum der Zweiten Republik in wichtigen Fragen die österreichische Politik wesentlich mitgestaltet haben, lassen hier aus. Die sozialpartnerschaftlichen Interessenorganisationen nehmen Klimaschutzmaßnahmen als Bürde wahr und lehnen diese folglich ab. Sie messen Klimaschutz- oder Anpassungsmaßnahmen nur an den kurzfristigen Wirkungen auf ihre jeweilige Klientel. Drohen Maßnahmen, wie etwa die Besteuerung von Treibhausgasemissionen, die Wirtschaft zu belasten, werden diese abgelehnt, unabhängig von deren Bedeutung für den Klimaschutz. Droht auf der anderen Seite ein Arbeitsplatzverlust, etwa durch Ausstieg aus fossilen Energien, gibt es ebenfalls Widerstand. Inhalt und Reichweite von Klimaschutzmaßnahmen werden außerdem unter Ausschluss der Öffentlichkeit, dem Parlament vorgelagert, ausgehandelt, wodurch eine pluralistische Diskussion unterbleibt.

Es ist dies auf beiden Seiten eine kurzsichtige Politik, denn Klimaschutzmaßnahmen werden kommen, und sie werden umso tiefgreifender und schmerzlicher sein, je später sie zugelassen werden. Die Pattstellung zwischen den verschiedenen Lösungspräferenzen der österreichischen Sozialpartner kann nur durch Auflösung der „Entweder-oder-Logik" hin zu einer „Sowohl-als-auch-Logik" überwunden werden. Ein Lösungsportfolio, das auf der einen Seite technologisch innovative Maßnahmen gegen den Klimawandel und auf der anderen Seite Änderungen unseres Lebensstils beinhaltet, könnte die Pattstellung beider Seiten aufbrechen.

Zu den Hemmnissen zählt auch die Förderpolitik Österreichs. Zwar werden erneuerbare Energien und Energieeffizienzmaßnahmen gefördert, aber das Energieeffizienzgesetz, das der Steigerung der Energieeffizienz zur Erreichung der EU-Ziele dienen soll, sieht neben anderen gravierenden Schwächen zum Beispiel keine Prüfung der mit der Effizienzsteigerung verbundenen Treibhausgasemissionen vor. Zur Milderung der Auswirkungen des großen wirtschaftlichen Einbruchs 2008 wurden nicht Maßnahmen gefördert, die zugleich Klimaschutz bedeuten, sondern unter anderem eine Abwrackprämie für Autos. Diese war explizit dazu da, den Neukauf von Pkws zu fördern, obwohl der Verkehr zu den Hauptverursachern von Treibhausgasemissionen zählt. Aus Klimaschutzgründen hätte die Prämie mindestens an den Kauf eines kleineren Wagens als das abgewrackte, an ein Elektroauto, oder – am besten – an den Verzicht auf ein privates Auto gebunden werden müssen.

In einer Studie für den Klima- und Energiefonds hat das WIFO nachgewiesen, dass in Österreich jährlich rund vier Milliarden Euro für die Förderung fossiler Energien ausgegeben werden. Darunter sind Subventionen für Diesel, die Pendlerpauschale und Begünstigungen für Dienstwägen, aber auch die Mehrwertsteuerbefreiung des internationalen Flugverkehrs (siehe Abbildung 7-5).

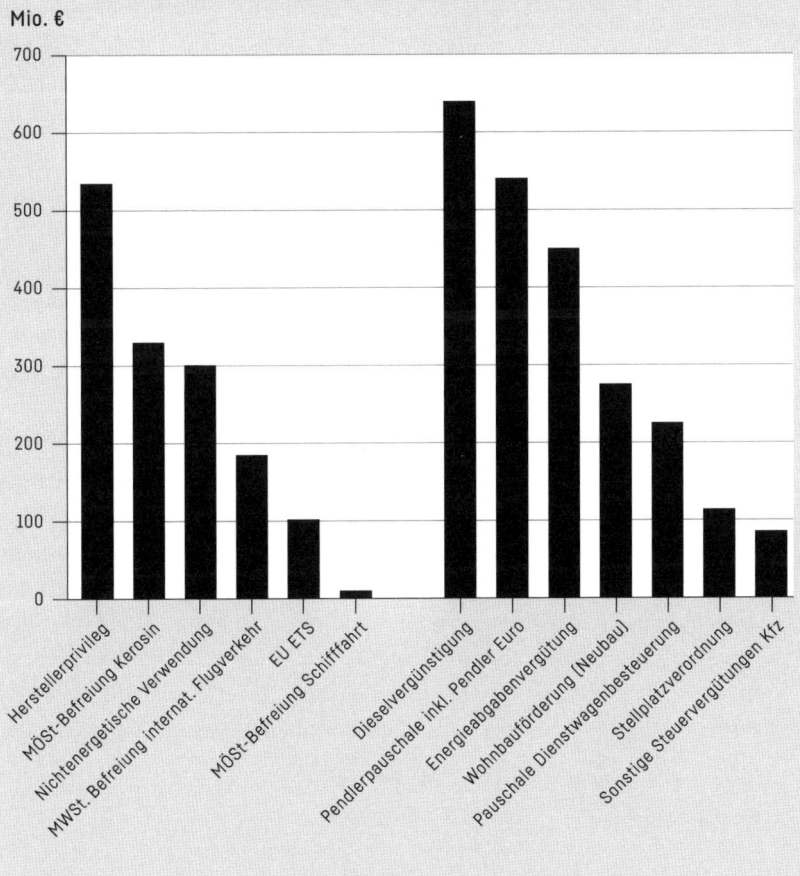

JÄHRLICHE FÖRDERSUMMEN FÜR FOSSILE ENERGIEN

Mio. €

Balken (von links nach rechts):
- Herstellerprivileg
- MÖSt-Befreiung Kerosin
- Nichtenergetische Verwendung
- MWSt. Befreiung internat. Flugverkehr
- EU ETS
- MÖSt-Befreiung Schifffahrt
- Dieselvergünstigung
- Pendlerpauschale inkl. Pendler Euro
- Energieabgabenvergütung
- Wohnbauförderung (Neubau)
- Pauschale Dienstwagenbesteuerung
- Stellplatzverordnung
- Sonstige Steuervergütungen Kfz

↑ **Abbildung 7-5:** Jährliche Fördersummen für fossile Energien in Millionen Euro. Die linken sechs Förderungen folgen aus internationalen beziehungsweise EU-Vereinbarungen, die rechten sind nationale Förderungen. [11]

Immerhin wurde von der Regierung Kurz gleich im ersten Regierungsjahr eine Klima- und Energiestrategie *mission2030* verabschiedet. Da die Regierung aber wiederholt eine Steuerreform ausgeschlossen hatte, hat sie sich eines der mächtigsten Instrumente zur Steuerung der Treibhausgasemissionen beraubt. Dementsprechend zahnlos ist auch die Klimastrategie über weite Strecken ausgefallen. Dennoch eröffnet sie im Bereich Mobilität, Gebäude und Bildung (andere Bereiche sind kaum angesprochen) Möglichkeiten, die es zu nutzen gilt.

Kommt es zu keiner aktiveren Klimapolitik von öffentlicher oder privatwirtschaftlicher Seite, droht die österreichische Wirtschaft die globale Entwicklung hin zu kohlenstofffreien oder -armen Technologien zu verschlafen. Die stark wachsende Mittelschicht in Asien und Lateinamerika stellt das Konsumentenpotenzial der nahen Zukunft dar, auch für österreichische Produkte. Sie wird zwangsläufig nach ökologischen, klimafreundlichen Produkten greifen. Wenn die österreichische Wirtschaft diese nicht bieten kann, werden andere die Lücke schließen. Es gibt natürlich auch Branchen und Firmen, die diese Entwicklungen sehen und darauf reagieren: Österreich hat einige Pioniere in innovativer, zukunftsfähiger Technologie und in nachhaltigen, klimafreundlichen Produkten vorzuweisen – einige werden in Kapitel 10 vorgestellt. Leider sind sie oft auf den internationalen Markt angewiesen, weil ihre Produkte in Österreich nicht oder nicht genügend nachgefragt werden.

08

ZUERST DEN HUNGER BEKÄMPFEN, DANN DEN KLIMAWANDEL?

Ist Klimaschutz nicht ein Luxus, den sich nur Reiche leisten können?

/

Was können wir paar Menschen der Natur schon anhaben? Ist das nicht Anmaßung?

/

Was hat es mit den Nachhaltigen Entwicklungszielen der UNO auf sich – ersetzen sie den Klimaschutz?

/

Warum können wir nicht alles so lassen, wie es ist?

Weltweit haben über 800 Millionen Menschen nicht genug zu essen; alle zehn Sekunden stirbt ein Kind an den Folgen von Mangel- und Unterernährung. 760 Millionen haben keinen Zugang zu sauberem Trinkwasser und über eine Milliarde muss ohne Strom und elektrisches Licht auskommen. Unzählige sterben jährlich wegen mangelnder medizinischer Versorgung. Ist es also nicht wichtiger, diese Probleme, die unmittelbar Leben kosten, zu beheben, als den Klimawandel zu bekämpfen? Übersehen die Menschen, die sich für Klimaschutz einsetzen, nicht Wichtigeres? Gilt es nicht, zuerst den Menschen, und dann die Umwelt zu schützen? Und ist nicht der sicherste Weg, den Menschen zu helfen, die Wirtschaft zu fördern, damit die Menschen Arbeit und damit Einkommen haben? Wird dann nicht auch die Infrastruktur entstehen können, die gebraucht wird, weil die arbeitenden Menschen Steuern zahlen und der Staat Wasserleitungen und Spitäler bauen kann? Und wenn die Menschen Geld haben, können sie sich auch Strom leisten, das heißt, es werden sich auch Investoren finden, die Kraftwerke bauen. Wenn all das verfügbar ist, dann ist es Zeit, sich um die Umwelt zu kümmern, denn dann wollen die Menschen auch in reiner Luft leben, sauberes Wasser in den Flüssen haben und sicherstellen, dass der Klimawandel nicht alles wieder zunichtemacht – oder nicht?

Die Antwort darauf umfasst mehrere Gesichtspunkte: Zum einen wird dieser Weg seit Jahrzehnten beschritten – ohne durchschlagenden Erfolg. Es ist zwar gelungen, den relativen Anteil der Hungernden zu senken, aber die absoluten Zahlen sind unvermindert hoch, weil die Bevölkerungszahl inzwischen gestiegen ist. Die Wirklichkeit widerlegt also die Argumentationskette. Es ist auch nicht richtig, zu glauben, dass es um eine Entscheidung zwischen Klimawandel und Hunger geht. Man könnte mit mehr Recht fordern, dass die Mittel zur Hungerbekämpfung von den Militärausgaben abgezogen werden. Weltweit wurden im Jahr 2017 rund 1.740 Milliarden US-Dollar für Rüstung und Kriege ausgegeben. Zur Bekämpfung des Hungers ist nach Schätzungen der UNO eine Summe von 50 bis 150 Milliarden Dollar pro Jahr erforderlich, also nur 3 bis 9 Prozent der Rüstungsausgaben. Der Hunger könnte schon längst besiegt sein, würde nicht Wirtschafts- und Machtinteressen der Vorrang gegeben.

Außerdem verursachen Klimaschutzmaßnahmen zwar Kosten, verringern zugleich jedoch die auftretenden Klimaschäden und sparen damit Folgekosten ein. Diese Kosten sind nicht eindeutig abschätzbar. Eine der wenigen Schätzungen zur Erreichung des 2-Grad-Zieles laut Pariser Klimaabkommen geht von 6.000 Milliarden Dollar bis 2050 aus. Das wären pro Jahr etwa 200 Milliarden, also ebenfalls ein Bruchteil der globalen Militärausgaben. Diesen Ausgaben stehen Einsparungen an Klimaschäden gegenüber. Je mehr in Klimaschutz investiert wird, desto größer die Einsparungen bei den Schäden. Bei Maßnahmen zur Begrenzung der Erderwärmung auf 1,5 Grad würden auf diese Weise wahrscheinlich mehr als 20.000 Milliarden US-Dollar gegenüber der Begrenzung der Erderwärmung auf 2 Grad eingespart, während hingegen die Mehrkosten dieses schärferen Pfades nur ca. 300 Milliarden Dollar betrügen. Die Zahlen sprechen eine klare Sprache: Aus wirtschaftlichen Gründen muss man Klimaschutz sicher nicht hintanstellen!

Gerade die zuletzt angeführten Angaben zeigen aber einen weiteren, noch wichtigeren Gesichtspunkt auf: Klimawandel erzeugt Hunger und Armut. Diese zu bekämpfen, ohne den Klimawandel einzudämmen, ist so, als ob man bei Überfließen einer Badewanne ständig das Wasser vom Boden aufwischt, statt den Wasserhahn abzudrehen. Dies haben die Religionsgemeinschaften und die Nichtregierungsorganisationen spätestens 2009 im Vorfeld der Klimakonferenz in Kopenhagen verstanden. Organisationen, die gegen Hunger, Armut und Krankheit kämpfen, solche, die für Menschenrechte oder gegen die globale Ungleichheit eintreten, und solche, die eine Reform des Finanzsystems oder das Ende der Abholzung des Regenwaldes fordern, und viele andere haben gemeinsam mit den Umwelt- und Klimaschutzorganisationen für ein wirksames und anspruchsvolles Klimaabkommen gekämpft, weil sie erkannt haben, dass ihre Anliegen zusammenhängen: dass es keinen dauerhaften Erfolg auf irgendeinem dieser Gebiete gibt, wenn die anderen Probleme – allen voran der Klimaschutz – nicht gleichzeitig bearbeitet und gelöst werden. In die Klimakonferenz in Kopenhagen 2009 waren große Hoffnungen gesetzt worden. Erstmals war mit Barack Obama ein Präsident im Weißen Haus in Washington, der versprach, gegen den Klimawandel vorgehen zu wollen. Europa machte unter der Führung der deutschen Kanzlerin Angela Merkel Druck, und in vielen

Schwellen- und Entwicklungsländern, insbesondere in China, waren die Folgen des Klimawandels bereits unübersehbar geworden. Die Konferenz wurde den Hoffnungen leider nicht gerecht, aber die Nichtregierungsorganisationen unterschiedlichster Richtungen arbeiten seither viel enger in der Verfolgung ihrer Ziele zusammen.

Die Nachhaltigen
Entwicklungsziele der UNO

Man darf auch nicht übersehen, dass zahlreiche andere globale und nationale Entwicklungen gleichzeitig mit dem Klimawandel ablaufen, zum Beispiel das weiterhin rasante Wachstum der Weltbevölkerung oder das Wachsen der Mittelklasse in den Schwellenländern vor allem Asiens und damit die Verlagerung des Marktes von den Industrie- in die Schwellenländer oder die Digitalisierung mit ihren Konsequenzen für die Arbeitsplätze und das Sozialsystem. All diesen Veränderungen muss gleichzeitig Rechnung getragen werden und die Probleme müssen vor allem gemeinsam gelöst werden. So kann es zum Beispiel sein, dass erneuerbare Energie nicht zeitgerecht in ausreichendem Maße zur Verfügung steht oder ein Mangel an anderen begrenzten Ressourcen die weitere Entwicklung der Digitalisierung aufhält oder ihr Grenzen setzt. Aus demselben Grund könnten Transport und Mobilität eingeschränkt und globaler Handel erschwert werden.

Dem engen Zusammenhang zwischen den vielen globalen Problemen hat auch die UNO 2015 bei der Verabschiedung des Aktionsplans „Transformation unserer Welt: die Agenda 2030 für nachhaltige Entwicklung" Rechnung getragen. Der Aktionsplan setzt dort an, wo die UNO-Millenniumsziele des Jahres 2000 aufgehört haben, geht aber in seiner Themenbreite und seiner Ambition weit über diese hinaus. Er umfasst 17 Ziele für eine nachhaltige Entwicklung (auf Englisch: *Sustainable Development Goals* oder kurz SDGs), die gemeinsam von allen Staaten erarbeitet und beschlossen wurden. Es haben sich alle UNO-Mitgliedsstaaten, auch Österreich, zur

Umsetzung dieser Ziele bekannt. Da jedes dieser Ziele sehr umfassend ist, wurden 169 Unterziele (Targets) festgelegt, die genauer beschreiben, was erreicht werden soll. Damit der Fortschritt bei der Umsetzung dieser Ziele und Unterziele auch verfolgt werden kann, wurden zu jedem der Unterziele Indikatoren bestimmt, die leicht messbar sind und die nun zu bestimmten Zeiten von jedem Staat an die UNO gemeldet werden müssen. Österreich hat bekanntgegeben, seine erste Fortschrittsmeldung erst 2020, zum spätest möglichen Zeitpunkt, abgeben zu wollen.

Für Ziel 13, Klimaschutz, wird neben einigen explizit angeführten Unterzielen auf die UN-Klimarahmenkonvention 1992 und auf das Pariser Abkommen 2016 verwiesen. Alle 17 Ziele und ihre Unterziele sind genauer online auf der Seite der UN und auf der Homepage des österreichischen Bundeskanzleramtes nachlesbar. Es zahlt sich aus, nachzusehen, wozu sich die österreichische Regierung verpflichtet hat!

++ MEHR ERFAHREN ++

Kurzfassung der 17 nachhaltigen Entwicklungsziele des UN-Aktionsplans „Transformation unserer Welt: die Agenda 2030 für nachhaltige Entwicklung", verabschiedet 2015

1. **ARMUT BEENDEN** – Armut in all ihren Formen und überall beenden

2. **ERNÄHRUNG SICHERN** – den Hunger beenden, Ernährungssicherheit und eine bessere Ernährung erreichen und eine nachhaltige Landwirtschaft fördern

3. **GESUNDES LEBEN FÜR ALLE** – ein gesundes Leben für alle Menschen jeden Alters gewährleisten und ihr Wohlergehen fördern

4. **BILDUNG FÜR ALLE** – inklusive, gerechte und hochwertige Bildung gewährleisten und Möglichkeiten des lebenslangen Lernens für alle fördern

5. **GLEICHSTELLUNG DER GESCHLECHTER** – Geschlechtergleichstellung erreichen und alle Frauen und Mädchen zur Selbstbestimmung befähigen

6. **WASSER UND SANITÄRVERSORGUNG FÜR ALLE** – Verfügbarkeit und nachhaltige Bewirtschaftung von Wasser und Sanitärversorgung für alle gewährleisten

7. **NACHHALTIGE UND MODERNE ENERGIE FÜR ALLE** – Zugang zu bezahlbarer, verlässlicher, nachhaltiger und zeitgemäßer Energie für alle sichern

8. **NACHHALTIGES WIRTSCHAFTSWACHSTUM UND MENSCHENWÜRDIGE ARBEIT FÜR ALLE** – dauerhaftes, breitenwirksames und nachhaltiges Wirtschaftswachstum, produktive Vollbeschäftigung und menschenwürdige Arbeit für alle fördern

9. **WIDERSTANDSFÄHIGE INFRASTRUKTUR UND NACHHALTIGE INDUSTRIALISIERUNG** – eine widerstandsfähige Infrastruktur aufbauen, breitenwirksame und nachhaltige Industrialisierung fördern und Innovationen unterstützen

10. **UNGLEICHHEIT VERRINGERN** – Ungleichheit in und zwischen Ländern verringern

11. **NACHHALTIGE STÄDTE UND SIEDLUNGEN** – Städte und Siedlungen inklusiv, sicher, widerstandsfähig und nachhaltig gestalten

12. **NACHHALTIGE KONSUM- UND PRODUKTIONSWEISEN**
– nachhaltige Konsum- und Produktionsmuster sicherstellen

13. **SOFORTMASSNAHMEN ERGREIFEN,** um den Klimawandel und seine Auswirkungen zu bekämpfen

14. **BEWAHRUNG UND NACHHALTIGE NUTZUNG DER OZEANE, MEERE UND MEERESRESSOURCEN**

15. **LANDÖKOSYSTEME SCHÜTZEN** – Landökosysteme schützen, wiederherstellen und ihre nachhaltige Nutzung fördern, Wälder nachhaltig bewirtschaften, Wüstenbildung bekämpfen, Bodendegradation beenden und umkehren und dem Verlust der biologischen Vielfalt ein Ende setzen

16. **FRIEDEN, GERECHTIGKEIT UND STARKE INSTITUTIONEN** – friedliche und inklusive Gesellschaften für eine nachhaltige Entwicklung fördern, allen Menschen Zugang zur Justiz ermöglichen und leistungsfähige, rechenschaftspflichtige und inklusive Institutionen auf allen Ebenen aufbauen

17. **UMSETZUNGSMITTEL UND GLOBALE PARTNERSCHAFT STÄRKEN** – Umsetzungsmittel stärken und die globale Partnerschaft für nachhaltige Entwicklung mit neuem Leben füllen

Etwas übersichtlicher werden die 17 Ziele, wenn man sie in Gruppen zusammenfasst: Grundbedürfnisse des Lebens, ökologische Voraussetzungen für das menschliche Leben auf Erden, nachhaltige Ressourcennutzung, soziale und wirtschaftliche Entwicklung, universelle Werte und Partnerschaften und Strukturen.

NACHHALTIGE ENTWICKLUNGSZIELE DER UN

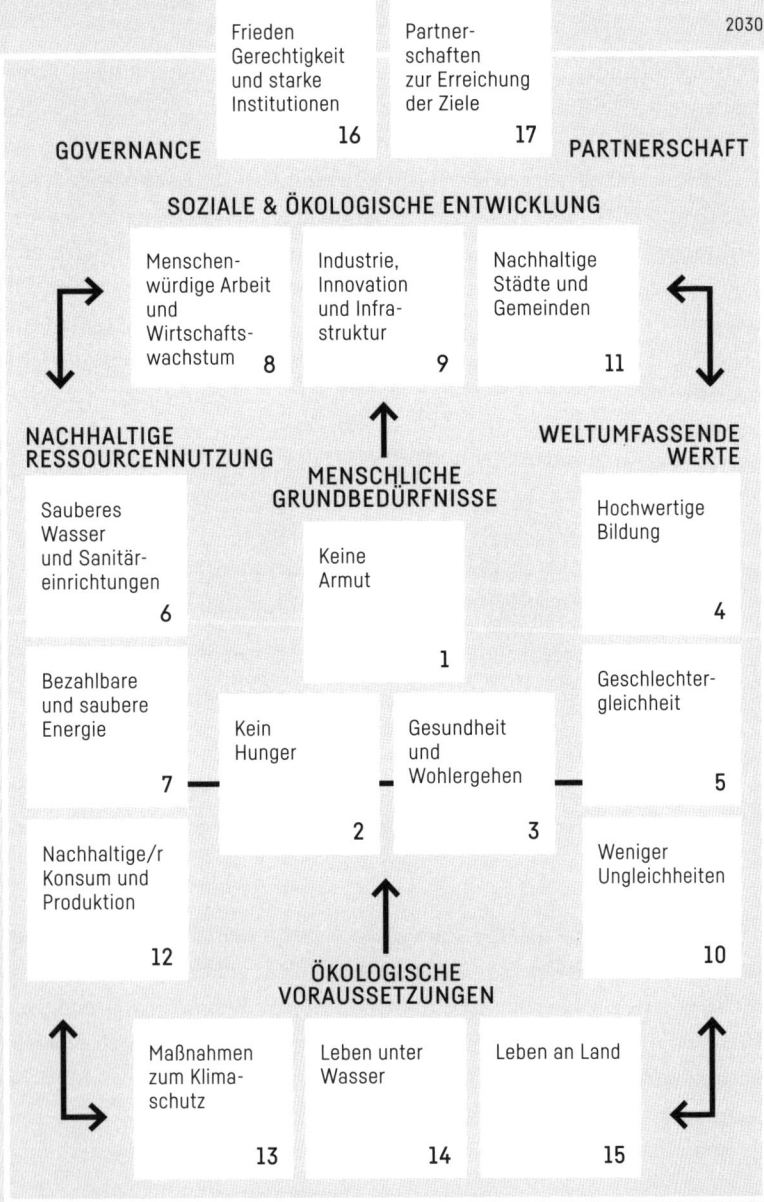

2030

Frieden Gerechtigkeit und starke Institutionen **16**

Partnerschaften zur Erreichung der Ziele **17**

GOVERNANCE

PARTNERSCHAFT

SOZIALE & ÖKOLOGISCHE ENTWICKLUNG

Menschenwürdige Arbeit und Wirtschaftswachstum **8**

Industrie, Innovation und Infrastruktur **9**

Nachhaltige Städte und Gemeinden **11**

NACHHALTIGE RESSOURCENNUTZUNG

WELTUMFASSENDE WERTE

MENSCHLICHE GRUNDBEDÜRFNISSE

Sauberes Wasser und Sanitäreinrichtungen **6**

Keine Armut **1**

Hochwertige Bildung **4**

Bezahlbare und saubere Energie **7**

Kein Hunger **2**

Gesundheit und Wohlergehen **3**

Geschlechtergleichheit **5**

Nachhaltige/r Konsum und Produktion **12**

Weniger Ungleichheiten **10**

ÖKOLOGISCHE VORAUSSETZUNGEN

Maßnahmen zum Klimaschutz **13**

Leben unter Wasser **14**

Leben an Land **15**

Es ist offenkundig, dass manche Ziele sich gegenseitig unterstützen. So gehen etwa die Bekämpfung der Armut und des Hungers (Ziel 1 und 2) über weite Strecken Hand in Hand. Der Mobilitätsbereich, dem keines der 17 Ziele ausschließlich gewidmet ist, der aber in Ziel 11 („Nachhaltige Städte und Gemeinden") stark verankert ist, ist ein gutes Beispiel für günstige Auswirkungen auf verschiedene Ziele. Eine triviale, aber dennoch wirksame und notwendige Klimaschutzmaßnahme (Ziel 13, „Maßnahmen zum Klimaschutz") ist der Umstieg von passiver (Pkw) auf aktive Mobilität (zu Fuß gehen, Rad fahren, öffentliche Verkehrsmittel) und von fossilen Antriebssystemen (Benzin und Diesel) auf elektrische. Das kommt Ziel 7 („bezahlbare und saubere Energie") entgegen. Die damit verbundene vermehrte körperliche Tätigkeit und die Reduktion von konventionellen Schadstoffen wie Stickoxide und Partikel sowie Lärm sind zugleich gesundheitsfördernde Maßnahmen im Sinne von Ziel 3 („Gesundheit und Wohlergehen"). Kombinierte Ansätze in Raumplanung und Parkplatzbewirtschaftung können zum Beispiel Einkaufszentren am Stadtrand oder zwischen Siedlungen unattraktiv machen und damit viel zur Reduktion von Verkehrswegen beitragen (u. a. Ziel 15, „Leben an Land"). Gleichzeitig fördern sie lebenswerte, emissionsarme, stressfreiere und gesündere Städte (Ziel 11, „Nachhaltige Städte und Gemeinden"), in denen die Möglichkeiten der Interaktion und des Verweilens den gesellschaftlichen Zusammenhalt stärken (Ziele 16 und 17 – „Frieden, Gerechtigkeit und starke Institutionen" und „Partnerschaften zur Erreichung der Ziele").

Aber manche Ziele widersprechen einander auch, wenn man jedes für sich lösen wollte. Betrachtet man Ziel 13, Klimaschutz, näher, so zeigt sich, dass es Ziel 7 (Energie) weitgehend verstärkt und von diesem auch unterstützt wird. Der universelle Zugang zu Energie, das erste Unterziel von Ziel 7, steht aber zum Beispiel nur dann in Einklang mit dem Klimaschutz, wenn davon ausgegangen wird, dass das neue Energieangebot in den Entwicklungs- und Schwellenländern kaum CO_2-Emissionen verursacht, das heißt aus erneuerbaren Energien stammt.

Klimaschutz wirkt sich auch grundsätzlich günstig auf Ziel 15, das Leben an Land, insbesondere den Artenschutz, aus.

Da der Klimawandel die Artenvielfalt bedroht, ist Klimaschutz nicht nur wünschenswert, sondern notwendig. Wenn man aber unter dem Titel Klimaschutz den großflächigen Anbau von Biomasse als Energieträger fördert, vernichtet man Artenvielfalt. So geht zum Beispiel bei den überdimensionalen Maisfeldern in Deutschland, die der Biogaserzeugung dienen, die Zahl der Tier- und Pflanzenarten dramatisch zurück, weil über große Flächen, oft mehrere hundert Hektar, nur eine Art von Lebensraum existiert. Selbst wenn dieser nicht mit Unkrautvernichtungsmitteln vergiftet wäre, könnten sich nur ganz wenige Tier- und Pflanzenarten in diesen „Maiswüsten" halten. Komplexere ökologische Systeme können hier nicht entstehen.

Nachhaltigkeit steht auf drei Beinen, *aber die ökologische Nachhaltigkeit ist besonders wichtig*

Das Beispiel der Mobilität zeigt, dass klimafreundliche Maßnahmen oft nicht ohne Auswirkungen auf die Gesellschaft und die Wirtschaft bleiben. Man kann die „Agenda 2030" und die darin definierten 17 Ziele einer nachhaltigen Entwicklung als Einigung der internationalen Staatengemeinschaft auf eine gemeinsame Vision, ein gemeinsames Ziel betrachten. Stark vereinfacht formuliert geht es dabei um das Erreichen eines „guten Lebens für alle Menschen", und zwar sowohl der jetzigen als auch folgender Generationen, innerhalb der ökologischen Grenzen unseres Planeten. Soziale und ökologische Ziele müssen miteinander erreicht, nicht gegeneinander ausgespielt werden, wenn man Wohlergehen für eine möglichst große Anzahl von Menschen erreichen will, nicht maximalen Wohlstand für Einzelne. Dementsprechend müssen Maßnahmen, die den Klimawandel einbremsen und letztlich das Klima stabilisieren sollen, in Einklang stehen mit Maßnahmen, die zur Erreichung der übrigen 16 Entwicklungsziele als notwendig erachtet werden.

Fehlt bei diesen Überlegungen nicht die dritte Säule der Nachhaltigkeit, die Wirtschaft? Müsste es nicht heißen, dass ein gutes Leben für alle innerhalb der ökologischen Grenzen und bei wachsender Wirtschaft angestrebt wird? Wie im nächsten Kapitel gezeigt wird, ist die Wirtschaft ein Mittel zur Erreichung des guten Lebens für alle, aber kein Selbstzweck.

Was bedeutet das „gute Leben für alle" und was die „ökologischen Grenzen der Erde"? Sehen wir uns zunächst die ökologischen Grenzen an; dem guten Leben widmet sich dann das nächste Kapitel.

Die ökologische Nachhaltigkeit ist zwar nur eine der bekannten drei Säulen der Nachhaltigkeit, im globalen Kontext sie ist jedoch als die wichtigste zu betrachten. Bei Zerstörung des Ökosystems fehlt den Menschen die Lebensgrundlage, und dann erübrigen sich soziale oder wirtschaftliche Nachhaltigkeitsbemühungen. Die drei Komponenten sind also keineswegs äquivalent, sondern haben eine ganz klare Hierarchie: Ökologie zuerst, denn das ist die Lebensgrundlage. Dann das Soziale, denn es macht das Leben lebenswert. Das Wirtschaftliche ist lediglich ein Hilfsmittel in der Organisation des Sozialen und sollte als Mittel zur Einhaltung der ökologischen Grenzen gestaltet werden.

Der Mensch ist zur dominierenden gestaltenden Kraft auf der Erde geworden. Als Beispiele für das außerordentliche Ausmaß der menschlichen Eingriffe seien erwähnt:

+ Nahezu 50 Prozent der Landoberfläche wurden von menschlichen Aktivitäten verändert, mit beträchtlichen Auswirkungen auf Biodiversität, Nährstoffzyklen, Bodenstruktur, Bodenbiologie und Klima.

+ Mehr Stickstoff ist jetzt synthetisch gebunden, zum Beispiel durch Düngemittel, als im gesamten natürlichen Ökosystem.

+ Mehr als die Hälfte des zugänglichen Trinkwassers wird für menschliche Zwecke verwendet und unterirdische Wasserreserven werden in vielen Gebieten rasch erschöpft.

+ Tropische Regenwälder verschwinden rasch, wobei Kohlendioxid freigesetzt und der Artenverlust beschleunigt wird.

+ Durch Fischfang wird etwa ein Viertel bis ein Drittel des jährlichen Zuwachses an Fischen dem Ozean entnommen. Das heißt, dass für die Nahrungskette der Fische, Vögel, Seehunde, Robben, Eisbären etc. und für die Reproduktion viel weniger Fische verfügbar sind.

+ In den letzten 150 Jahren hat die Menschheit 40 Prozent der bekannten Ölreserven verbraucht, die während einiger Hundert Millionen Jahre erzeugt wurden.

+ Die Liste ließe sich fortsetzen.

Weil die Eingriffe des Menschen so vielfältig, umfangreich und tiefgehend sind, wird die gegenwärtige geologische Epoche auch als „Anthropozän" (Zeitalter des Anthropos, des Menschen) bezeichnet. Dass der Mensch die Natur gestaltet, bedeutet natürlich keineswegs, dass er sie beherrscht. Er greift bewusst oder unbewusst in natürliche Kreisläufe und Prozesse ein und löst damit Entwicklungen aus, die teils beabsichtigt, großteils aber unbeabsichtigt sind. Die Folgen sind oft nicht abschätzbar. Fatalerweise kann der Mensch die Folgen – wenn sie sich als unerwünscht erweisen – in der Regel nicht rückgängig machen, jedenfalls nicht ohne weitere Entwicklungen auszulösen, deren Folgen er ebenso wenig abschätzen kann. Der Klimawandel als unbeabsichtigte Folge der Nutzung von fossilen Brennstoffen ist ein Beispiel, die Vernichtung von Arten durch Zerstörung ihres Lebensraumes, zum Beispiel durch das Anlegen von Palmölplantagen oder Maisfeldern zur Bioenergieproduktion, ein anderes. Schon 1993 hat der Biologe und Philosoph Eduard O. Wilson eindrucksvoll dargelegt, dass es vielleicht gelingen könnte, unerwünschte Veränderungen in der unbelebten Natur durch die Kreativität des Menschen und technologische Innovationen rückgängig zu machen, aber belebte Natur, Pflanzen und Tiere, wird der Mensch – wenn er sie einmal zerstört hat – nicht rekonstruieren können.

Das Anthropozän ist also die Epoche, in welcher der Mensch erstmals in der Lage ist, seine eigene Lebensgrundlage in globalem Maßstab zu verändern – auch zu zerstören. Dies bedeutet, dass er nun eine ungeheure Verantwortung sowohl gegenüber anderen Arten als auch gegenüber kommenden Generationen hat. Die Herausforderung besteht darin, die Eingriffe in die Natur auf eine Art und ein Ausmaß zurückzuführen, die den Fortbestand jener Funktionen der Natur sicherstellen, die für das menschliche Leben unerlässlich sind.

Der Handlungsspielraum
des Menschen

Eine Reihe sehr namhafter Wissenschaftler entwickelte ein Konzept des „sicheren Handlungsspielraumes für die Menschheit" für neun Eingriffsbereiche, die ihnen besonders kritisch erschienen (u. a. Klimawandel, Ozeanversauerung, Zerstörung der Ozonschicht, Biodiversitätsverlust, Störung der geo-bio-physikalischen Kreisläufe und Landnutzungsänderungen). Es wurden jeweils zwei Grenzen definiert. Eine innere beschreibt jenen Punkt, bis wohin diverse Eingriffe gefahrlos gemacht werden dürfen – wenigstens nach dem derzeitigen wissenschaftlichen Verständnis. Die äußere Grenze stellt den Übergang in den offenkundigen Gefahrenbereich dar. Jenseits dieser Linie ist das Risiko, gefährliche Entwicklungen auszulösen, hoch. In diesen Bereich sollte der Mensch nicht vorstoßen. Dazwischen liegt ein Bereich der Unsicherheit, in dem die Wissenschaft nicht sagen kann, ob die Fähigkeit der Natur, die Eingriffe zu kompensieren, bereits überschritten ist oder nicht. Dies ist aber auch eine Pufferzone, die möglicherweise wegen der Trägheit der Systeme notwendig ist, denn mit dem Beenden eines Eingriffes ist das betroffene System nicht immer automatisch stabilisiert. Biodiversitätsverlust und Eingriffe in die Stickstoff- und Phosphorflüsse bewegen sich bereits im roten Bereich, die Ozeanversauerung noch im grünen. Der Klimawandel liegt in der Unsicherheitszone, denn es ist nicht eindeutig feststellbar, ob das Klima noch stabilisierbar ist oder nicht. Nicht für alle Bereiche können derzeit Grenzen berechnet werden. In manchen Fällen fehlt es noch an Verständnis für die Systemzusammenhänge.

Von den neun aufgenommenen Bereichen haben mindestens drei die Kapazität, die Lebensgrundlagen auf globaler Ebene zu zerstören: der Klimawandel, die Biosphärenintegrität (Artenverlust) und der Land-Systemwandel. Beim Land-Systemwandel geht es vor allem um die Umwandlung von Wäldern in landwirtschaftliche Flächen. Diese Veränderungen könnten das globale System aus dem vergleichsweise stabilen Klimazustand der letzten 10.000 Jahre, des Holozäns (siehe Kapitel 3), hinausführen, mit kaum abschätzbaren Langzeitkonsequenzen. Bei den anderen sechs Bereichen würden die Folgen von Grenzüberschreitungen zunächst vor allem regional zu großen Problemen führen.

Eine Umkehr nach Überschreiten der äußeren Grenze ist im Übrigen manchmal möglich: Der Abbau des stratosphärischen Ozons war zum Beispiel schon viel weiter fortgeschritten. Das weltweite Produktionsverbot für den Großteil der ozonzerstörenden Substanzen hat jedoch gewirkt und die Ozonschicht erholt sich. Heute ist dieses Problem nach dieser Einschätzung wieder unter die Risikogrenze gefallen.

Der weltberühmte Bericht an den *Club of Rome* „Die Grenzen des Wachstums" von 1972 legte dar, dass in einem begrenzten System exponentielles Wachstum zunächst zum Überschießen und dann zum Kollaps des Systems führt. Konkret: Wenn wir die nachwachsenden Produkte unserer Erde in immer größerem Maße beanspruchen, übersteigt die Entnahme irgendwann den Nachschub, und wir zerstören systematisch unsere Lebensgrundlage. Das Teuflische ist, dass der Zeitpunkt der Überbeanspruchung bei exponentiellem Wachstum eher überraschend kommt – wie bei dem bekannten Beispiel der Seerosen.

++ MEHR ERFAHREN ++

Eine Seerosenart verdoppelt täglich die von ihr bedeckte Teichfläche. Am Anfang wird eine Seerose in einen Teich eingepflanzt; nach 14 Tagen ist der halbe Teich bedeckt. Typischerweise erwartet man, dass es noch etwa 14 Tage dauern wird, bis der Teich völlig zugewachsen ist. Tatsächlich passiert das aber wegen des exponentiellen Wachstums, in diesem Fall der täglichen Verdopplung, schon am nächsten Tag.

Die Nähe zum Kollaps ist leider nicht leicht zu erkennen. Sobald er aber einsetzt, ist es wesentlich schwerer, notwendige Maßnahmen zu ergreifen, weil der Spielraum nicht mehr verfügbar ist, der vorher noch vorhanden gewesen wäre. Nach dem 1972 berechneten Referenzmodell in „Grenzen des Wachstums" ist die Welt derzeit schon deutlich im „Overshoot", das heißt jenseits des Stabilitätsbereiches, und nähert sich jetzt dem Kipppunkt. Diese vor mehr als 40 Jahren publizierten Berechnungen haben sich, aller Kritik zum Trotz, bei Nachprüfungen als erstaunlich präzise erwiesen.

Im Übrigen führt nicht die Ressourcenverknappung an sich zum Kollaps, sondern die Folgen der steigenden Gewinnungskosten: Wenn die besten

Lager ausgeräumt sind, muss man immer tiefer graben, immer mehr taubes Gestein wegräumen, um Öl, Erz, seltene Erden etc. aus dem Boden zu holen. Die Ausbeute pro eingesetzter Energiemenge, aber auch pro eingesetztem Geldbetrag wird immer kleiner. Die Entwicklung der Weltbevölkerung, der Nahrungsmittelproduktion, des Ressourcenverbrauchs, der Verunreinigung etc. seit 1972 zeigen Verläufe, die erschreckend nahe dem damals berechneten Referenzszenarium liegen. Der Weckruf hat demnach nichts gefruchtet.

Sind wir zu viele?

Wieso ist es überhaupt so weit gekommen? Die Erde existiert seit etwa 4,5 Milliarden Jahren, der Mensch seit mindestens sieben Millionen Jahren. Seit zwei Millionen Jahren geht er aufrecht und schon vor rund 200.000 Jahren entwickelte sich der sogenannte „rezente" Mensch, der dem heutigen Menschen sehr ähnlich ist. Und jetzt plötzlich soll die Natur knapp werden? Jetzt plötzlich soll innerhalb eines oder weniger Jahrzehnte gehandelt werden müssen?

Die Zahl der Menschen lag bis vor 10.000 Jahren weltweit unter fünf Millionen. Bis dahin waren sie Jäger und Sammler. Ihre Zahl konnte nicht stark steigen, weil in dem Umkreis, den sie zu Fuß bejagen konnten, nur für eine begrenzte Zahl von Menschen Nahrung zu finden war und weil das Leben der Jäger ziemlich gefährlich war. Als die Menschen dann sesshaft wurden und die Landwirtschaft erfanden und immer weiterentwickelten, konnte ihre Zahl langsam steigen. Zu Zeiten der griechischen und römischen Hochkulturen lebten etwa 200 Millionen Menschen auf der Welt. Die Zahl stieg weiter langsam, bis im Zeitalter der Entdeckungen, als Erdäpfel und neue Getreidesorten, insbesondere Mais, aus der „Neuen Welt" nach Europa eingeführt wurden. Damit konnten wesentlich mehr Menschen ernährt werden. Bis etwa 1500 hatte sich die Zahl der Menschen auf 450 Millionen etwa verdoppelt. Die erste Milliarde wurde ca. 300 Jahre später, um 1804, erreicht. Nach dem Zweiten Weltkrieg, etwa 1950, begann ein noch rasanterer Anstieg der Weltbevölkerung. Sie verdoppelte sich seither circa alle 40 Jahre – erst in den letzten Jahren geht die Geschwindigkeit des Wachstums etwas zurück. Die UNO schätzt, dass bis Ende des Jahrhunderts mehr als elf Milliarden Menschen auf der Erde leben werden.

↓ **Abbildung 8-2:** Entwicklung der Weltbevölkerung[13]

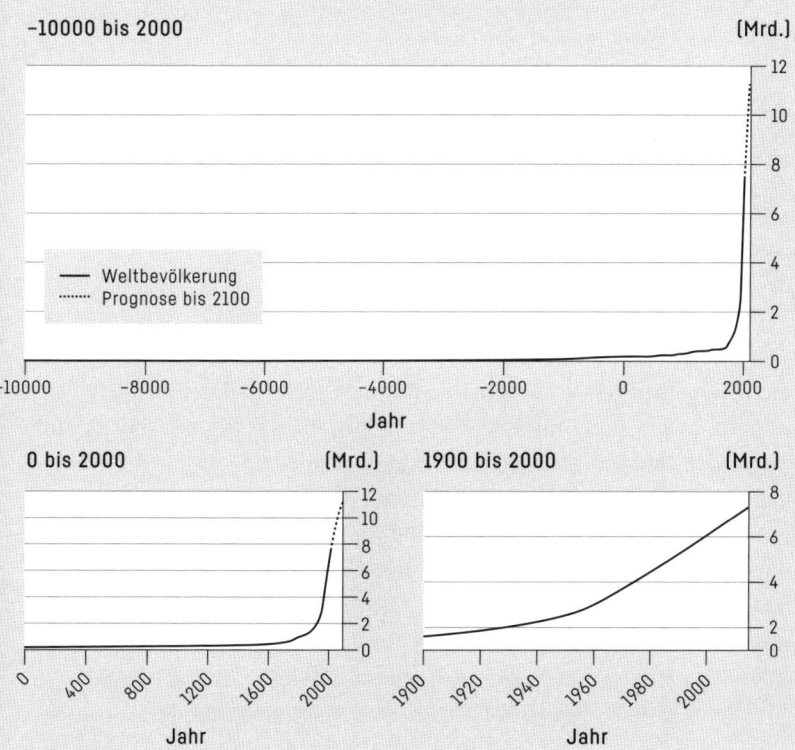

Dieser Anstieg hatte mehrere Gründe, darunter die Fortschritte der Medizin, die zur Senkung der Kindersterblichkeit führten. Auch wesentlich war die Tatsache, dass man mit Erdöl eine billige, leicht zugängliche, leicht transportable und leicht nutzbare Energiequelle hatte. Damit wurde die Verteilung von Wasser und Lebensmitteln erleichtert und die Produktivität in der Landwirtschaft konnte gesteigert werden. Parallel mit der Bevölkerungszahl wuchs vieles andere exponentiell, zum Beispiel die Düngemittel- und die Papierproduktion, die Nutzung von Wasser und die Zahl der Dämme, der Tourismus, das Bruttosozialprodukt und die Investitionen. Viele neue Produkte wurden entwickelt. Immer wenn angegeben wird, um wie viel Prozent etwas pro Jahr oder pro Jahrzehnt wächst, handelt es sich um exponentielles Wachstum. Bei linearem Wachstum hingegen steigt die Zahl jedes Jahr oder jedes Jahrzehnt um denselben Betrag.

++ MEHR ERFAHREN ++

Wie funktioniert exponentielles Wachstum eigentlich?
Bekommt ein Kind jede Woche 1 Euro Taschengeld und legt es diesen in eine Sparbüchse, so wächst der Betrag linear: Nach fünf Wochen hat es 5 Euro, nach zehn Wochen 10 Euro und am Ende des Jahres 52 Euro, nach zwei Jahren 104 Euro. Überredet Sie das Kind jedoch, ihm jede Woche 10 Prozent des Inhaltes der Sparbüchse dazuzugeben, wenn anfangs 1 Euro in der Sparbüchse ist, so bekommt das Kind in der zweiten Woche 10 Cent und hat 1,10 Euro. Nach fünf Wochen hat es 1,46 Euro, und nach zehn Wochen 2,36 Euro gespart. Das sieht zunächst nach einem guten Geschäft für Sie und nach einem schlechten für das Kind aus. Aber nach

etwa 40 Wochen zieht das Kind mit dem linearen Wachstum gleich und die Summen, die Sie zahlen müssen, steigen rapide. Am Ende des Jahres haben Sie ihm bereits 129 Euro gezahlt und am Ende des zweiten Jahres beträgt das Taschengeld einer Woche bereits fast 1.800 Euro und in der Sparbüchse befinden sich 18.342 Euro!

Exponentielles Wachstum hat die Eigenschaft, dass die Anzahl der Euro, Dinge oder Menschen anfangs sehr langsam zunimmt, dann aber immer rasanter. Je mehr davon da ist, desto mehr kommt pro Jahr oder Jahrzehnt dazu. Deswegen bedeutet die Forderung nach zwei- oder dreiprozentigem Wirtschaftswachstum zwar anfangs nur eine geringe Steigerung der Produktivität, aber mittel- und langfristig nicht mehr leistbare Steigerungen.

Der Mensch hat mit seinem exponentiellen Wachstum alle anderen an Land lebenden Wirbeltiere überflügelt. Wenn man die Masse aller an Land lebender Tiere mit Wirbelsäulen zusammenzählt, machen der Mensch und die von ihm domestizierten Tiere, also Haustiere, Kühe, Pferde etc., bereits 97 Prozent aus, während die Masse der frei lebenden Wirbeltiere, also von der Eidechse bis zum Elefanten einschließlich der Vögel, nur noch 3 Prozent umfasst. Das heißt, dass ganz wenige Arten 97 Prozent der Masse ausmachen, während die bei Weitem größere Zahl der Arten auf 3 Prozent reduziert wurde.

Der bereits erwähnte Biologe Eduard O. Wilson hat in einer spannenden Abhandlung mit dem Titel: „Betreibt der Mensch Selbstmord?" dargelegt, dass es für die Natur nachteilig ist, dass mit dem Menschen ein fleischfressender Primat dominant geworden ist. Fleischfresser brauchen wesentlich mehr Fläche, um sich zu ernähren, weil entlang der Nahrungskette viel Energie verloren geht. Ganz grob gesprochen kann eine Pflanze nur etwa 10 Prozent der Sonnenenergie, die sie aufnimmt, in Biomasse umwandeln; ein pflanzenfressendes Tier kann wieder nur etwa 10 Prozent dieser Energie in Muskeln und Fleisch umwandeln, muss daher sehr viele Pflanzen fressen. Wenn wir Fleisch essen, bleibt von der ursprünglichen Sonnenenergie (100 Prozent), die die Pflanze aufgenommen hat, nur noch 1 Prozent übrig. Von diesem können wir auch wieder nur rund 10 Prozent verwerten, also ein Tausendstel. Wenn wir Pflanzen direkt essen, fällt ein Schritt weg, und der Energiegewinn verzehnfacht sich. Die Fläche, die gebraucht wird, um diese Energie bereitzustellen, ist also wesentlich kleiner. Dies hat im Übrigen im Zweiten Weltkrieg die dänische Regierung dazu veranlasst, die Landwirtschaft von der Viehwirtschaft auf Getreide- und Gemüseproduktion umzustellen. Nur so konnte die Bevölkerung lokal ernährt werden.

Dass der Mensch zu den Primaten zählt, hat ebenfalls beträchtliche Folgen: Primaten sind anders als zum Beispiel Ameisen und Bienen, die Staaten mit klaren Hierarchien bilden, Kleingruppenwesen. Das bedeutet, dass sie starke Bindungen zu einer kleinen Gruppe von Menschen haben (ihrer Familie oder ihrem Stamm), anderen gegenüber aber sehr aggressiv sein können. Sie kennen daher sowohl Gemeinschaftssinn, Zusammenarbeit und Mitgefühl – jedenfalls den Eigenen gegenüber –, aber auch Machtstreben und Konkurrenz. Von diesen Eigenschaften wird im letzten Kapitel noch die Rede sein.

Flucht
als Folge des Klimawandels

In den vergangenen Eiszeiten, beim langsamen Vordringen des Eises vom Nordpol nach Süden, konnten die Menschen aus den nördlichen Breiten nach Süden ausweichen. Es war genug Platz für alle da. Was passiert aber heute, wenn das Klima sich wandelt, wenn der Meeresspiegel steigt oder ein Gebiet mehrere Jahre von Dürre betroffen ist? Wohin flüchten die Menschen? Wohin sollen sie auswandern? Alle bewohnbaren Gebiete des Planeten sind bereits besiedelt, zum Teil sehr dicht. Wissenschaftler rechnen aber damit, dass bis Mitte des Jahrhunderts zwischen 150 und 250 Millionen Menschen aufgrund des Klimawandels ihre Heimat werden verlassen müssen. Dabei sind jene nicht mitgezählt, die vor Kriegen fliehen, welche wiederum auch ihre Ursachen im Klimawandel haben können.

++ MEHR ERFAHREN ++

Beispiel Syrien

Ein konkretes Beispiel für den Zusammenhang von Klimawandel und Flucht ist die mehrjährige Dürre im östlichen Mittelmeerraum. Sie war neben politischen Motiven eine wesentliche Ursache für den sogenannten „Arabischen Frühling". In Syrien waren mehr als 2,5 Millionen Menschen, die ihren Lebensunterhalt in der Landwirtschaft verdienten, betroffen. Rund 1,3 Millionen davon migrierten in die Städte, in der Hoffnung, dort Arbeit und Lebensunterhalt zu finden. Diese Hoffnung wurde meist enttäuscht, und so entstand eine explosive Situation, die wesentlich zum Ausbruch des Bürgerkriegs beitrug, im Vergleich zu globalen politischen Verwicklungen medial aber kaum thematisiert wurde. Befeuert durch Interessen und Waffenlieferungen umliegender und anderer Staaten hat der Krieg bisher über 500.000 Tote gefordert und mehr als vier Millionen Menschen zur Flucht aus Syrien getrieben (Stand September 2018).

Migration hat immer viele Ursachen – aber der Klimawandel spielt oft eine wichtige, wenn auch meist übersehene Rolle. Nach den Angaben der „Internationalen Organisation für Migration" (IOM) sind in der ersten Jahreshälfte 2018 rund 50.000 Flüchtlinge über das Mittelmeer oder über die türkisch-griechische Landesgrenze nach Europa gekommen. Im weltweiten Maßstab ist das eine verschwindend geringe Zahl. Die Zahl der Flüchtlinge und Migranten, die Landesgrenzen überquert haben, hat mit 25,4 Millionen ein weltweites Rekordniveau erreicht. Nimmt man die Zahl der Menschen hinzu, die innerhalb des eigenen Landes auf der Flucht sind, erhöht sich diese Zahl auf 65 Millionen Menschen. 90 Prozent der Flüchtlinge und Migranten unter UNHCR-Mandat leben in Staaten wie der Türkei, Pakistan, Uganda, Libanon und im Iran. Europa trägt also keineswegs die Hauptlast der weltweiten Migration. Gemessen an den zusätzlichen Flüchtlingen, die durch den Klimawandel zu erwarten sind, sind diese Zahlen noch gering.

„Wer glaubt, man könne Flüchtlinge und Migranten vor allem mit militärischen Mitteln oder Zäunen an den Außengrenzen abwehren, hat die Dimension des Problems nicht einmal im Ansatz verstanden. Herausforderungen dieses epochalen Ausmaßes können nur durch eine geordnete Zusammenarbeit aller Länder gemeistert werden, bei der Fluchtursachen bekämpft, für ein menschenwürdiges System der Aufnahme von Geflüchteten gesorgt wird und die Lasten der Migration fair verteilt werden", führte Ottmar Edenhofer, einer der führenden Klimaökonomen und Leiter des *Potsdam-Institut für Klimafolgenforschung,* kürzlich aus.

Wollen wir diese Veränderung gestalten oder nur erdulden?

Die Klimaänderung möglichst gering zu halten liegt demnach im Interesse aller. Die Herausforderung ist aber enorm. Will man das Pariser Klimaabkommen, wie in Kapitel 6 erklärt, umsetzen, müsste die Weltwirtschaft der dominierenden Energiequelle, den fossilen Energieträgern, völlig entsagen – in den Industriestaaten innerhalb weniger Jahrzehnte, in den Schwellenländern spätestens in der zweiten Hälfte dieses Jahrhunderts. Wer glaubt, dass dies ein rein technologisches Problem sei, täuscht sich. Der Verzicht auf die Energiequellen, die bisher die wirtschaftliche Entwicklung trugen und damit auch bestimmend für gesellschaftliche Entwicklungen waren, beinhaltet einen Wandel von Strukturen. Während bisher zentrale Kraftwerke Strom erzeugten, der dann über Leitungen immer feiner verästelt bis in das entfernteste Haus gelangte, finden sich heute Fotovoltaikanlagen als Stromerzeuger auf vielen Häusern. Sie speisen in ein gemeinsames Netz Strom ein, der jetzt in beiden Richtungen fließen kann – je nachdem, wo gerade Strom erzeugt und wo er gebraucht wird. Das löst alte Abhängigkeiten auf und schafft neue, unter anderem von seltenen Erden oder Metallen, die zum Beispiel für Fotovoltaikanlagen benötigt werden. Diese Veränderungen führen zu einer Verschiebung der geopolitischen Lage und Interessen und werden die globalisierte Weltwirtschaft grundlegend verändern.

Das notwendigerweise akkordierte Vorgehen kann nicht mit dem derzeit vorherrschenden nationalen Denken erreicht werden, also muss auch hier eine Umorientierung stattfinden. Zugleich erfordert die Transformation eine tiefgreifende Veränderung des Konsumdenkens und des Lebensstils mindestens in den Industriestaaten und Schwellenländern. Und bei alldem geht es auch noch um die Anpassung an den lokal auftretenden Klimawandel, der mit der globalen Erwärmung um 1,5 °C oder 2 °C einhergeht. In Österreich wird dieser wie erwähnt mindestens 3 °C, vielleicht auch 4 °C betragen und mit längeren und intensiveren Hitze- und Trockenperioden, heftigeren Niederschlägen, einer kürzeren Schneedecke verbunden sein sowie mit vielen sekundären Veränderungen, etwa neuen Krankheitsüberträgern und landwirtschaftlichen Schädlingen, einhergehen (siehe Kapitel 4).

Wer vor diesen technologischen und gesellschaftlichen Veränderungen zurückschreckt, sollte sich vor Augen halten, dass die Alternative – das 2-Grad-Ziel nicht zu erreichen – ebenfalls Veränderungen mit sich bringt.

Diese sind allerdings nicht plan- und steuerbar. Zunehmend extreme Wetterereignisse werden Wirtschaft und Gesellschaft hart treffen, ebenso wird der steigende Meeresspiegel große Gebiete unbewohnbar machen. Es werden, wie ausgeführt, Migrationsströme im dreistelligen Millionenbereich noch dieses Jahrhundert erwartet, leben doch etwa 10 Prozent der Menschen in Küstenregionen. Megastädte wie Shanghai, Hongkong, Kalkutta und Mumbai wären betroffen. Dabei ist ein möglicher, immer schneller werdender (nicht linearer) Meeresspiegelanstieg noch gar nicht berücksichtigt: Analysen von Paläodaten zeigen die Möglichkeit auf, dass der Meeresspiegel zunächst langsam steigt – bis Mitte des Jahrhunderts um etwa einen Meter gegenüber vorindustriellem Niveau –, dann aber sehr rasch – schon bis in den folgenden zehn Jahren um eineinhalb Meter! Selbst ohne diesen dramatischen Anstieg wird es zu globalen Verschiebungen von Produktionsstätten und Märkten kommen und die Anpassungsmaßnahmen an den Klimawandel werden zunehmend hohe Investitionssummen verschlingen. Wie eine Studie für das Pentagon schon 2003 aufzeigte, führt dies zunächst zu Grenzstreitigkeiten, dann zu Kriegen um Wasser, Land und andere Ressourcen. Aufgrund selbstverstärkender Prozesse im Klimasystem entzieht sich der Klimawandel jeglicher Steuerung durch den Menschen; diesem bleibt nur der letztlich zum Scheitern verurteilte Versuch, sich an die unkontrolliert ablaufenden Veränderungen anzupassen.

Natürlich ist auch ein mittlerer Weg denkbar: Klimaschutzmaßnahmen werden gesetzt, aber nicht ausreichend. Auch in diesem Fall ist mit Veränderung zu rechnen – bedauerlicherweise muss man von einer Kombination der Nachteile beider Szenarien ausgehen. In diesem Fall kommt wahrscheinlich auch Geo-Engineering ins Spiel (vgl. Kapitel 5) und führt insgesamt zu einer noch nie dagewesenen politischen, rechtlichen und militärischen Komplexität.

09

EIN GUTES LEBEN FÜR ALLE

**Wer bestimmt,
was ein gutes Leben ist?**

/

**Was hat das Wirtschaftssystem
mit dem Klimawandel zu tun?**

/

**Geld ist doch nur ein Tauschmittel
und für das Klima unerheblich?**

/

**Gibt es überhaupt Alternativen
zu den jetzigen Systemen?**

Die Nachhaltigen Entwicklungsziele der UNO enthalten als Kernforderung das Erreichen eines „guten Lebens für alle Menschen", und zwar sowohl der jetzigen als auch folgender Generationen, innerhalb der ökologischen Grenzen unseres Planeten (vgl. Kapitel 8). Zwei scheinbar nicht kompatible Forderungen? Die ökologischen Grenzen werden von Naturgesetzen vorgegeben – welche Temperatur sich bei welcher Treibhausgaskonzentration einstellt, können wir Menschen nicht bestimmen. Wir können aber mittels gesellschaftlicher Vereinbarungen festlegen, was ein „gutes Leben" ausmacht. Das erfolgt zum Beispiel direkt in der „Charta der Menschenrechte". In der Praxis viel entscheidender für die soziale Situation der Menschen sind aber das Wirtschafts- und das Geldsystem. Die Herausforderung besteht also darin, diese so zu gestalten, dass ökologische Grenzen nicht überschritten werden.

Kann ein Doughnut das Problem lösen?

Die Wirtschaftswissenschaftlerin Kate Raworth von der Universität Oxford hat eine sehr ansprechende Darstellung dieser doppelten Forderung entwickelt, die als „Doughnut Economy" bekannt geworden ist und in der sie die komplexe Beziehung der beiden Komponenten illustriert. Den äußeren Rand des „Doughnuts" bilden die ökologischen Grenzen, wie sie im vorigen Kapitel beschrieben wurden. Raworth nennt sie „ökologische Decke". Sie erweiterte das Konzept des sicheren Handlungsspielraums für die Menschheit nach innen um soziale und kulturelle Grenzen, die sich aus den für ein „gutes Leben" unumgänglichen Eingriffen in die Natur ergeben. Ohne Ressourcenverbrauch, ohne Eingriff in das Ökosystem kann der Mensch nicht leben. Je mehr Menschen es gibt und je höher der Ressourcenverbrauch ist, desto größer sind diese Eingriffe. Sie sollten aber trotzdem innerhalb der ökologischen Grenzen liegen. Dieser Mindestbedarf bildet den inneren Rand des Doughnuts, den Raworth „gesellschaftliches Fundament" nennt, weil dies eine Grenze ist, die in einer lebenswerten Welt nicht unterschritten werden darf. Dabei werden auch Größen berücksichtigt, die nicht unmittelbar an den Ressourcenverbrauch gekoppelt sind, wie etwa Gendergerechtigkeit oder politische Mitbestimmung. Die Fläche zwischen diesem Fundament und den ökologischen Grenzen stellt den Handlungsspielraum der Wirtschaft dar.

↓ **Abbildung 9-1:** Doughnut-Economy nach Kate Raworth. Ökologische Grenzen bilden den äußeren Rand des Doughnuts, soziale den inneren. Der Kreisring selbst (Doughnut) stellt den Handlungsspielraum menschlichen Wirtschaftens dar. [14]

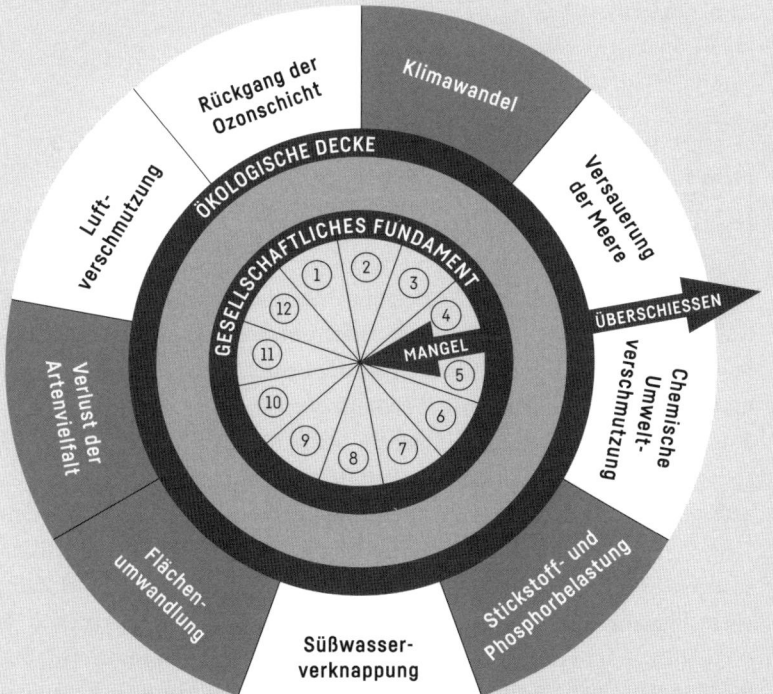

DOUGHNUT-ECONOMY

Rückgang der Ozonschicht

Klimawandel

Luftverschmutzung

ÖKOLOGISCHE DECKE

GESELLSCHAFTLICHES FUNDAMENT

Versauerung der Meere

ÜBERSCHIESSEN

MANGEL

Chemische Umweltverschmutzung

Verlust der Artenvielfalt

Flächenumwandlung

Süßwasserverknappung

Stickstoff- und Phosphorbelastung

● Grenze überschritten

① Wasser ⑤ Einkommen und Arbeit ⑨ Gleichstellung
② Nahrung ⑥ Frieden und Gerechtigkeit ⑩ Wohnen
③ Gesundheit ⑦ politische Teilhabe ⑪ Netzwerke
④ Bildung ⑧ soziale Gerechtigkeit ⑫ Energie

Global gesehen werden in vier Bereichen bereits die ökologischen Grenzen überschritten, aber keiner der sozialen und kulturellen Mindeststandards wird erreicht.

Aus dieser Darstellung ist leicht ersichtlich, dass eine Wirtschaftsform, die auf Wachstum angewiesen ist, nicht nachhaltig sein kann, weil sie früher oder später Grenzüberschreitungen entweder in der einen oder der anderen oder in beiden Richtungen erzwingt. Derzeit werden nicht nur die ökologischen Grenzen in einzelnen Bereichen überschritten, sondern auch die sozialen Leistungen zurückgedrängt, wie der massive Sozialabbau in vielen Staaten zeigt. Eine ideale Wirtschaftsform wäre eine, bei der die Grenzen automatisch eingehalten werden, das heißt, dass eine Selbstregelung existiert, die ohne zusätzliche Maßnahmen durch den Staat oder die Gesellschaft die Entwicklung zurück in den Doughnut-Bereich führt, wenn sie auszuufern droht.

DERZEIT IST KEIN STAAT INNERHALB DES DOUGHNUTS

Aktuelle Analysen zeigen, dass kein Staat sich zurzeit innerhalb des „Doughnuts" befindet, das heißt, die ökologischen und die sozialen Grenzen einhält. Im Großen und Ganzen erfüllen die Industrienationen die sozialen und kulturellen Bedingungen, überschreiten aber die ökologische Decke, während die Entwicklungsländer im sozialen und kulturellen Bereich Defizite haben, aber die ökologischen Grenzen einhalten. Ähnliches zeigt sich auch bei anderen Analysen: In ihrer Entwicklung streben Entwicklungsländer typischerweise zunächst einen höheren Lebensstandard an, wie er etwa durch das nationale Sozialprodukt oder den „Human Development Index" der UNO gemessen wird. Mit dem steigenden Sozialprodukt wächst auch der Ressourcenverbrauch. Während sich die Staaten von Entwicklungsländern zu Schwellenländern entwickeln, nimmt ihr ökologischer Fußabdruck ständig zu, und noch bevor sie den Status der Industrienation erreicht haben, überschreitet er bei Weitem das ökologisch Zulässige. Ein typisches Beispiel für so eine Entwicklung ist China, das den rasanten wirtschaftlichen Aufstieg mit massiven sozialen und Umwelt-problemen bezahlt.

Bedeutet das also, dass ein gutes Leben für alle innerhalb der ökologischen Grenzen nicht möglich ist? Ein Blick in die Geschichte lehrt, dass es sehr wohl Epochen gegeben hat, in denen beides erfüllt war. Aber inzwischen hat die Zahl der Menschen signifikant zugenommen und die individuellen Bedürfnisse und Ansprüche ebenfalls. Ist das globale Ökosystem überhaupt in der Lage, die Grundbedürfnisse von 7,8 Milliarden Menschen zu bedie-nen?

Wissenschaftliche Studien zeigen, dass dies ganz wesentlich davon ab-hängt, was unter einem Grundbedürfnis verstanden wird. Gesunde Ernäh-rung, reich an Getreide, Gemüse und Obst, kann zum Beispiel von der glo-balen Landwirtschaft für die jetzt lebenden 7,8 Milliarden Menschen prob-lemlos zur Verfügung gestellt werden. Es werden im Schnitt derzeit rund 2.800 Kilokalorien pro Person und Tag produziert, 1.800 Kilokalorien gelten als Grundbedarf. Der noch existierende Hunger auf der Welt ist also ein Verteilungsproblem und keine Produktionsfrage. Wenn die Verteilung verbessert und die Verluste und die Vergeudung verringert würden, könnten auch noch mehr Menschen ernährt werden. Würden aber die Menschen auf der ganzen Welt die fleischreiche, hoch industrialisierte Kost der westlichen Welt übernehmen, müsste die Produktion wesentlich gesteigert werden, und das wäre möglicherweise mit den ökologischen Grenzen nicht vereinbar.

Mit der Zeit ändert sich natürlich auch, was als Grundbedürfnis empfun-den wird. Bis in die 1960er-Jahre war zum Beispiel in den meisten öster-reichischen Haushalten Fleisch fast ausschließlich dem Sonntag und be-sonderen Festtagen vorbehalten – der klassische Sonntagsbraten eben. Das ist für viele, die heute täglich und oft auch zweimal täglich Fleisch essen, nicht mehr vorstellbar. Die Psychologen nennen dieses Phänomen „shif-ting baselines". Der Maßstab, mit dem etwas gemessen wird, verschiebt sich. Ähnliche Überlegungen zur Bestimmung des Grundbedürfnisses kann man für die Versorgung mit Wasser, mit Energie usw. anstellen. Auch hier ist kaum noch vorstellbar, dass bis in die erste Hälfte des 20. Jahrhunderts die meisten Zinshäuser in Wien nur gemeinsame Wasserleitungen am Gang hatten, die berühmte Bassena. Gehört nun fließendes Warm- und Kaltwasser in der Wohnung zu den Grundbedürfnissen? Heute würden wohl alle mit „Ja" darauf antworten. Je höher wir aber die Latte für die Grundbedürfnisse legen, desto größer ist der Ressourcenverbrauch. Eine Stabilisierung oder, noch besser, ein allmähliches Schrumpfen der Weltbevölkerung würde es also zweifellos erleichtern, innerhalb des Doughnuts zu bleiben.

WAS MÜSSTE SICH ÄNDERN, DAMIT WIR INNERHALB DES DOUGHNUTS WIRTSCHAFTEN?

Ottmar Edenhofer, Leiter des „Potsdam-Institut für Klimafolgenforschung" wies darauf hin, dass das fundamentale Problem der Klimapolitik nicht die wissenschaftlichen Fakten sind, sondern Konflikte um Weltanschauungen und Werte. Diese Weltanschauungen wirken sich heute im Wirtschaftssystem und im Finanzwesen am deutlichsten aus und prägen über diese das Gesellschaftssystem. Der ständig steigende Ressourcenverbrauch ist nicht nur eine Folge des Bevölkerungswachstums, sondern ganz wesentlich auch eine Folge des derzeitigen globalen Wirtschafts- und Geldsystems.

Das gängige neoliberale Wirtschaftssystem beruht auf einer sehr stark vereinfachenden Theorie, die im Wesentlichen nur zwei Komponenten kennt: Firmen und Haushalte. Zwischen diesen kreisen Arbeit, Güter und Geld (als Lohn und Bezahlung für Güter). Dieses Grundschema des Marktes wird durch eine Reihe von Annahmen ergänzt, die in der realen Welt nicht erfüllt sind, auf die einzugehen hier aber nicht Platz ist. Eine davon ist, dass die Maximierung des Profits des Einzelnen, beziehungsweise der einzelnen Firma automatisch zum Besten für die Gemeinschaft führt. Nach mehreren Jahrzehnten der Umsetzung dieses Prinzips ist allerdings die Kluft zwischen Arm und Reich größer, nicht kleiner geworden. Hier soll es aber weniger um die Berechtigung der Annahme gehen als um ihre Auswirkungen: Ungleichheit ist ein Konsumtreiber – jeder will mindestens das haben, was der Nachbar hat, nach Möglichkeit aber größer, schneller und weiter. Die Profitmaximierung führt außerdem zu arbeitsteiligen Herstellungsprozessen, denn die einzelnen Produktionsschritte können durch größere Einheiten effizienter gestaltet werden, und sie können jeweils dorthin verlagert werden, wo sie am preisgünstigsten durchgeführt werden können.

Mit der Anzahl spezialisierter Fertigungsstufen steigt die Summe der notwendigen Überschüsse, weil auf jeder Stufe Renditen, Zinsen und Kosten für die Erhaltung der Infrastruktur anfallen. Je mehr Stufen, desto höher die zusätzliche Belastung. Diese muss durch Wirtschaftswachstum kompensiert werden. Das Wachstum des BIP (Bruttoinlandprodukts) bedeutet aber steigenden Ressourcenverbrauch und damit weitere Überschreitung der ökologischen Grenzen. Es ist unter Fachleuten umstritten, ob es über längere Zeiträume Wirtschaftswachstum ohne steigenden Ressourcenverbrauch geben kann, also ob Wirtschaftswachstum und BIP absolut entkoppelt werden können – vorgemacht hat es noch kein Land (siehe Kapitel 7).

Für die weiteren Überlegungen ist wichtig, zu verstehen, dass die stark vereinfachte Vorstellung vom Markt, die dem neoliberalen Wirtschaftsmodell zugrunde liegt, wesentliche Komponenten nicht enthält. Dazu zählen zum Beispiel die unbezahlte Arbeit und der gesellschaftliche Austausch, also etwa die Erziehungsarbeit von Eltern und die Nachbarschaftshilfe. In Zusammenhang mit dem Klimawandel besonders relevant: Der Fluss von Material und Energie bleibt ausgeblendet. Das bedeutet zum Beispiel, dass Umweltschäden kein Thema sind, aber auch, dass die Begrenztheit von Ressourcen keine Rolle spielt, weil sie in diesem Konzept nicht vorkommen.

Es gibt inzwischen verschiedene Ansätze, diese Schwächen des gängigen Wirtschaftsmodells zu kompensieren und der Begrenztheit von Ressourcen und dem Klimawandel innerhalb des herrschenden Wirtschaftssystems Rechnung zu tragen. Die *Grüne Wirtschaft* („Green Economy") etwa ist bemüht, die erzeugten Produkte auf effizientere und umweltfreundlichere Art herzustellen, also zum Beispiel mit erneuerbaren Energien statt fossilen und aus Holz anstatt Plastik. Die Produkte sollen auch effizienter werden, also dieselbe Leistung mit weniger Energiebedarf erbringen. Ein typisches

Beispiel sind LED-Lampen, die gleich viel Licht bei wesentlich geringerem Stromverbrauch spenden.

Die *Umweltökonomie* (Environmental Economics) sieht die Lösung darin, externe Kosten, wie zum Beispiel Kosten zur Beseitigung von Umweltschäden, in die Kostenrechnung einzubeziehen. Sogenannte Ökosystemdienstleistungen werden mit einem finanziellen Wert beziffert und dieser den Produkten aufgeschlagen. Die Bestäubung der Pflanzen durch die Bienen wäre ein Beispiel – an sich eine Gratisleistung der Natur. Da aber die Lebensräume der Bienen zerstört und deren Gesundheit durch Pflanzengifte geschädigt werden, wird die Bestäubung zum Problem. Die Kosten für die Erhaltung der Bienen oder für künstliche Bestäubung sollten daher dem Honig, dem Obst usw. aufgeschlagen werden. Zum Schutz der Atmosphäre müssten Steuern auf fossile Brennstoffe eingehoben werden. Diese würden dadurch teurer und das wäre ein Anreiz, auf erneuerbare Energien umzusteigen. Der CO_2-Zertifikatehandel geht auch in diese Richtung.

Die EU wirbt derzeit für eine *Kreislaufwirtschaft,* das heißt, die Materialien, die zur Herstellung von Produkten verwendet werden, sollen nach der Nutzung des Produktes recycelt und einer neuerlichen Verwendung zugeführt werden können. Dies gilt insbesondere für Metalle, seltene Erden und andere wertvolle Stoffe. Nicht wiederverwertbare Stoffe sollten nach Möglichkeit kompostierbar, jedenfalls aber für die Umwelt unschädlich sein, um dem natürlichen Kreislauf wieder zugeführt werden zu können. Das sogenannte „Cradle-to-Cradle-Konzept" ist ein ähnlicher Ansatz.

All diese Ansätze können zur Minderung des Ressourcenverbrauchs beitragen und sind deshalb grundsätzlich zu begrüßen – sie gehen aber nicht weit genug. Kernpunkte des neoliberalen Wirtschaftskonzepts, die Wirtschaftswachstum erzwingen, bleiben unangetastet, zum Beispiel die Arbeitsteilung und die Profitmaximierung. Die Materialumsätze steigen daher zwangsläufig weiter – nur langsamer.

Es gibt auch eine ganze Reihe grundlegend andere Ansätze, die sich aber erst langsam durchsetzen. Eine der ersten alternativen Wirtschaftstheorien (im Fachjargon: heterodoxe Theorien) geht auf den weitblickenden Ökonom Herman Daly zurück. Er hat Ende des 20. Jahrhunderts mit der *Ökologischen Ökonomie* ein Wirtschaftsmodell für eine „volle" Welt entwickelt, als Gegensatz zur neoliberalen Ökonomie für eine „leere" Welt. Grundgedanke ist, dass mit steigender Zahl der Menschen und zunehmenden Eingriffen in die Natur die Umwelt und die Ressourcenknappheiten wichtige Bestandteile des Grundkonzepts sein müssen. Es genügt nicht, sie – wie in der Umweltökonomie – als externe Kosten einzubinden. Dies wird ausführlich im Bericht an den *Club of Rome* „Jetzt sind wir dran" ausgeführt. Es wird sogar eine neue Aufklärung gefordert, die der „vollen Welt" Rechnung tragen soll.

Post-Wachstum-Ansätze (degrowth) lehnen jedes weitere Wachstum des BIP ab. Wirtschaftswachstum und ökologische Schäden durch technologischen Fortschritt zu entkoppeln wird für aussichtslos gehalten. Gefordert wird daher eine drastische Reduktion der industriellen Produktion; zugleich soll mehr Lebensqualität durch „Abwurf des Wohlstandsballasts" (Nico Paech, Ökonom und Nachhaltigkeitsforscher der Universität Siegen) und befriedigender, unbezahlter Tätigkeit gewonnen werden. Das Konzept geht mit einer radikalen Kürzung der bezahlten Arbeitszeit auf 20 und weniger Stunden pro Woche einher. Einen Überblick über das Konzept gibt Abbildung 9-2.

Besonders bereichernd sind Konzepte, die aus anderen Kulturkreisen kommen. Das *Vivir-Bien-Konzept* zum Beispiel hat seine Wurzeln im Weltverständnis („Cosmovision") der indigenen Völker der Anden. Die Erde gilt als Lebewesen und ihre Unversehrtheit ist ein Recht, genauso wie es das Menschenrecht gibt. Darüber hinaus fordert die indigene Weltsicht, dass es nicht nur eine einzige Wahrheit gibt, sondern vielfältige Wahrheiten, abhängig vom jeweiligen gesellschaftlichen und ökologischen Umfeld. Dem westlichen Denken des „Entweder-oder" wird ein Denken des „Sowohl-als-auch" entgegengestellt.

POSTWACHSTUMSÖKONOMIE IM GESAMTÜBERBLICK

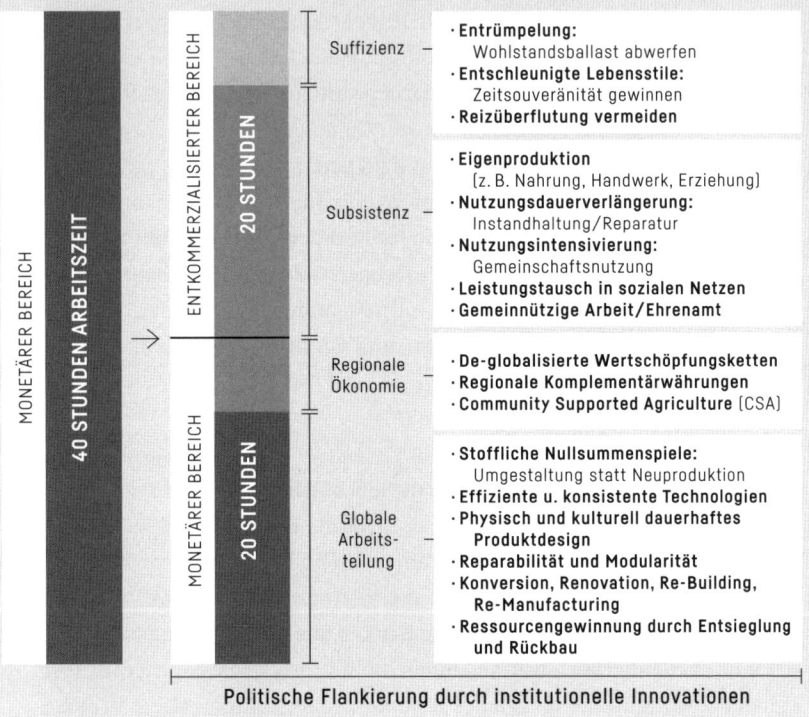

↑ **Abbildung 9-2:** Postwachstumsökonomie nach Nico Paech im Überblick [15]

Das Geldsystem trägt das Seine zum Ressourcenraubbau bei

In den klassischen Wirtschaftskonzepten wird Geld nur als Werkzeug zur Erleichterung des Handels angesehen; es spielt daher keine besondere Rolle. In der Praxis ist das jedoch anders, denn die reine Finanzwirtschaft übertrifft die Realwirtschaft bereits um den Faktor 10. Das heißt, dass der Großteil des Geldes nicht mehr durch reale Werte gedeckt ist.

Geld diente ursprünglich ausschließlich der Erleichterung des Handels und wurde vom Herrscher beziehungsweise vom Staat geschöpft. Er stand gut für den Wert des Geldes, das heißt für die Einlösbarkeit gegen Waren. Banken haben Ersparnisse verwahrt und Geld bei Bedarf für Investitionen gegen Zinsen verliehen, aber keine darüber hinaus gehende Interessen. Sie hatten die Aufgabe, abzuschätzen, ob ein Gläubiger vertrauenswürdig war, denn der Wert des Geldes beruhte auf dem Vertrauen, dass es jederzeit von den Banken oder vom Staat einlösbar ist. Die meisten Menschen glauben, dass Geld und Banken immer noch so funktionieren, aber das Bild hat sich gründlich geändert. Private Banken erzeugen Geld aus dem Nichts bei der Vergabe von Krediten, sie sind nicht auf vorhandene Einlagen angewiesen. Dieses Geld wird als Fiat-, Computer- oder Giralgeld bezeichnet. Reformbewegungen sprechen von „Schuldgeld", weil die Entstehung von neuem Geld immer an neue Schulden geknüpft ist.

Banken sind heute keine desinteressierten Mittler mehr, sondern profitorientierte Unternehmungen, die sich im Sinne der Bankinhaber und der Kunden um maximale Gewinne bemühen. Da hohe Gewinne vor allem mit riskanten Investitionen oder Papieren erzielt werden, wird das System extrem unsicher und instabil. Weil die Banken alle untereinander verschuldet sind, bedeutet der Zusammenbruch einer größeren Bank unter Umständen den Zusammenbruch des gesamten Systems. Zuletzt löste der Konkurs der US-Investmentbank *Lehman Brothers* im Jahr 2008 als Folge des Handels mit hochriskanten Immobilienpapieren eine weltweite Finanzkrise aus. In den USA verloren Hunderttausende ihr Heim und in Europa mussten die Staaten, genauer die Steuerzahler, die in Schwierigkeiten geratenen Banken finanziell auffangen. Island, Griechenland und einige andere EU-Staaten schlitterten in ernste Finanzkrisen.

Wenn das von Banken geschöpfte und verborgte Geld zurückgezahlt wird, verschwindet es wieder ins Nichts. Ein Computerklick genügt – wie bei seiner Entstehung. Die Zinsen und Zinseszinsen müssen aber von denjenigen, die sich Geld ausgeborgt haben, real erarbeitet werden. Sie fließen den Banken zu, die damit am Recht, Geld aus dem Nichts zu schöpfen, verdienen. Entscheidend für diese Überlegungen ist, dass jeder, der einen Kredit aufnimmt, anschließend mehr verdienen, das heißt, mehr produzieren muss, um die Zinsen – und noch wichtiger, die exponentiell wachsenden Zinseszinsen – zurückzuzahlen. Das entspricht einem Zwang zum Wachstum. Nun meinen viele, dass sie, wenn sie nie einen Kredit aufgenommen haben, von diesen Zahlungen nicht betroffen sind. Das ist aber ein Irrtum, denn selbstverständlich zahlen sie mit dem Preis der Waren, die sie kaufen, auch die Zinsen für den Kredit zurück, den der Händler bei der Renovierung seines Geschäftes aufgenommen hat, und die Zinsen für den Kredit, den der Produzent der Waren aufgenommen hatte, und so weiter, durch die gesamte Gestehungskette hindurch. Im Schnitt sind bereits 30 Prozent jedes Preises Zinsrückzahlungen, die den Banken beziehungsweise den Besitzern der privaten Banken zufließen. Das bedeutet, dass aufgrund dieses Systems das Geld systematisch von unten nach oben umverteilt wird. Die Kluft zwischen Arm und Reich wird also durch das Geldsystem verstärkt. Dies gilt im Übrigen nicht nur für einzelne Personen, sondern auch für ganze Staaten.

Das muss nicht so sein. Viele Religionen – auch die christliche – haben das Einheben von Zinseszinsen verboten. Manche haben periodisch eine komplette Neuverteilung des Vermögens vorgesehen. Auch heute gibt es eine ganze Reihe von Vorschlägen, wie man das aus den Fugen geratene Geldsystem wieder in sozial und ökologisch vertretbare Bahnen lenken könnte. Manche setzen bei der Geldschöpfung an, die sie wieder in der Hand des Staates sehen wollen, andere bei den Zinsen. Im Extremfall soll Geld mit der Zeit durch Sparen nicht mehr, sondern weniger werden (Schwundgeld). Dadurch bleibt es im Umlauf und kann nicht gehortet werden. Wenn die Geldmenge nicht gesteigert wird, führt dies auch nicht zu erhöhtem Ressourcenverbrauch.

Das Geldsystem ist jedenfalls derzeit ein wichtiger machtpolitischer Faktor. Aber vielleicht zeigt gerade das einen Weg auf, die erwünschte Veränderung hin zu einer zukunftsfähigeren Gesellschaft herbeizuführen? Die internationale Bewegung „Divestment" wirbt dafür, Geldanlagen aus Firmen abzuziehen, die einen wesentlichen Teil ihres Gewinns mit fossilen Energieträgern, insbesondere mit Kohle, machen. Ohne Geld keine Investitionen, das heißt keine Suche nach neuen Lagerstätten und keine neue Infrastruktur zur Förderung und Verteilung von Kohle oder Öl. Die Divestment-Bewegung ist ziemlich erfolgreich – nachdem US-Universitäten den Anstoß gegeben hatten, wurden innerhalb von fünf Jahren Anlagen im Wert von über 6.000 Milliarden Dollar der fossilen Industrie entzogen. Ungefähr 10 Prozent davon von kleinen, privaten Anlegern. Auch wenn dieses Volumen die fossile Industrie noch keineswegs gefährdet, hat die Bewegung doch für erhebliche Diskussion gesorgt. Die Branche, die über Jahrzehnte immer die höchsten Renditen mit der höchsten Sicherheit brachte, wird von immer mehr Investoren als unsichere Geldanlage betrachtet.

Zugleich verlangen immer mehr Kunden und Versicherungen die Offenlegung der Verwundbarkeit von Firmen durch den Klimawandel. Nur ein Drittel bis ein Fünftel der belegten Reserven fossiler Energieträger können in einer mit dem 2-Grad-Ziel vereinbaren Welt als Energie genutzt werden. Es kann daher gut sein, dass jemand, der jetzt in den fossilen Sektor investiert, beträchtliche Verluste einstecken muss. Darauf weisen immer mehr Beratungsfirmen hin, aber zum Beispiel auch Mark Carney, Ökonom und Gouverneur der *Bank of England.*

Der Ausstieg aus fossilen Energien und der Übergang zu dezentralen, erneuerbaren Energien ist aber nicht nur für das Klima gut – er bedeutet auch tiefgreifende, überfällige Veränderungen im Wirtschafts- und Gesellschaftssystem, denn das Wirtschaftswachstum der letzten Jahrzehnte beruht auf der billigen, leicht verfügbaren fossilen Energie. Das Geldwesen könnte der Hebel zu diesen Veränderungen sein.

Die Praxis ist der Theorie voraus

Es gibt noch kein generell akzeptiertes umfassendes, tragfähiges und ausgearbeitetes Zukunftsbild von einem geänderten Wirtschaftssystem. Auch die Diskussion um möglicherweise mehrere parallele Geldsysteme ist nicht abgeschlossen. Schließlich fehlt es auch an der konkreten Vorstellung und der Akzeptanz für einen von Genügsamkeit getragenen Lebensstil. Überlegungen, wie dieser wünschenswerte Zustand erreicht werden könnte, erscheinen daher verfrüht. Andererseits ist zu diskutieren, ob eine solche Vision dem Veränderungsprozess vorausgehen muss? Es scheint, dass die Praxis der Theorie voraus ist und schon jetzt vielfältige und voneinander abgekoppelte Schritte zur Umgestaltung der Gesellschaft sowie ihres Wirtschafts- und Geldsystems im Gange sind.

Besonders zahlreich sind die Ansätze zu lokalen Währungen, Tauschzirkeln, Zeitbanken usw. zur Wiederbelebung von Stadtteilen oder Regionen oder zur Sicherung der Altersversorgung. Insgesamt gibt es mehr als 5.000 derartiger Systeme weltweit. Manche sind ganz lokal und klein, andere wirken überregional. Zum Beispiel erfreut sich *Fureai Kipu* in ganz Japan regen Zuspruchs. Freiwillige, unentgeltliche Arbeit, die jemand heute für ältere Menschen leistet, wird jetzt „gutgeschrieben" und der Leistende kann sie in seinem eigenen Alter wieder einfordern. Die Schweizer Wirtschaft hat eine Parallelwährung für Firmen geschaffen – das WIR –, die seit 1954 besteht und floriert und von der Finanzkrise 2008 deutlich weniger betroffen war als der Schweizer Franken oder gar der Euro.

++ MEHR ERFAHREN ++

Es geht auch ohne „Schuld"
Ein besonders lehrreiches Beispiel ist **Ecosima Wirtschaft** in Ecuador, ein Währungssystem, das geschaffen wurde, um Schulen vor dem Schließen aus Geldmangel zu bewahren. Ursprünglich nach westlichen Vorbildern

konzipiert, wurde das System nach dem Verständnis der indigenen Bevölkerung modifiziert.

Wenn A für B eine Leistung erbringt oder auf dem Markt ein Produkt den Besitzer tauscht, dann wird demjenigen, der etwas gab, dies gutgeschrieben. Der Empfänger geht aber nicht gleichzeitig eine Schuld ein. Die Einsicht in die Gutschriften reicht völlig aus: Kann jemand keine Gutschriften aufweisen, weil er oder sie krank oder benachteiligt ist, wird das problemlos von der Gemeinschaft akzeptiert. Ist er oder sie aber faul oder selbstsüchtig, so hat das Folgen für die Achtung in der Gemeinschaft und für die Bereitschaft anderer, eine Leistung für diese Person zu erbringen.

Im Lebensmittelbereich entwickeln sich Lokalmärkte, Food-Coops, gemeinschaftsunterstützte Landwirtschaft (CSA), Slow-Food-Bewegungen sowie Obst- und Restebörsen. Im Mobilitätsbereich Pkw- und Fahrrad-Leihsysteme, Shared-Space-Lösungen in den Ortschaften und Slow-City-Bewegungen; auf dem Energie- und Klimasektor Klimabündnisgemeinden, e5-Gemeinden, Klima- und Energiemodellregionen sowie Gemeinschaftskraftwerke und übergreifend „Transition Towns". Bewegungen wie die Solidarwirtschaft oder die Gemeinwohlökonomie, die innerhalb weniger Jahre besonders in Europa und Südamerika in Firmen und Gemeinden Fuß gefasst haben, sind soziale Innovationen, die systemverändernde, nachhaltigkeitsorientierte Ansätze verfolgen. Übereinstimmend berichten die Gemeinden und Regionen, in denen solche Experimente erfolgreich durchgeführt werden, von mehr Zusammenhalt in der Bevölkerung, mehr Hilfsbereitschaft, mehr Verständnis für die lokale Wirtschaft und mehr Verbundenheit mit der Gemeinde oder Region.

Diese und viele andere Bewegungen zeigen, dass nicht nur Bereitschaft, sondern sogar Druck zur Veränderung besteht. Die Wissenschaft beginnt gerade erst, sich diesen Entwicklungen zuzuwenden; von der Politik auf nationaler Ebene wird die Entwicklung und dieser Wunsch der Bevölkerung nach Veränderung noch nicht hinreichend wahrgenommen. In der Vergangenheit sind Veränderungen vor allem von den sozialen Rändern ausgegangen, von Menschengruppen, die unter bestimmten Verhältnissen leiden, nicht aus der zufriedenen und daher bequem gewordenen Mitte. Es wäre daher zweckmäßig, an den Rändern nach guten Ideen und Konzepten Ausschau zu halten und diese zu fördern. Viele Versuche werden sich als ungeeignet erweisen, aber noch kann niemand sagen, wie das Ziel oder der Weg konkret aussehen werden, daher sind Experimente wichtig.

Auch die Wissenschaft
muss dazulernen

Die Tatsache, dass die Wissenschaft von den Entwicklungen in der Praxis nur sehr zögerlich Notiz nimmt, kann auch zu Fehleinschätzungen hinsichtlich der Möglichkeiten zur Veränderung führen. Mit gängigen Wirtschaftsmodellen lässt sich zum Beispiel zeigen, dass sich das 1,5-Grad-Ziel des Pariser Klimaabkommens aufgrund der Trägheit, mit der neue Technologien den Markt durchdringen, nur dann erreichen lässt, wenn man der Atmosphäre CO_2 entzieht und dieses unter der Erde speichert (Geo-Engineering). Das *Internationale Institut für angewandte Systemanalyse* in Laxenburg (IIASA) hat aber kürzlich gezeigt, dass Geo-Engineering in Wirklichkeit wahrscheinlich nicht erforderlich sein wird. Berücksichtigt man nämlich das menschliche Verhalten – das in die gängigen Wirtschaftsmodelle nur unzureichend eingeht –, können Änderungen viel rascher vor sich gehen. Wissenschaftliche Ergebnisse können auch deswegen an der Wirklichkeit vorbei gehen, weil sie nur einen Aspekt betrachten. So sind manche UNO-Ziele zur Nachhaltigen Entwicklung (SDGs) für sich genommen nicht erreichbar, in Kombination mit anderen aber sehr wohl, weil sich ganze Systeme verändern.

Überhaupt bleibt der Großteil der wissenschaftlichen Analysen und Lösungsvorschläge in Zusammenhang mit den großen globalen Problemen in den derzeitigen Systemen und im derzeitigen Denken verfangen. Wenn die Wissenschaft zur Bewältigung der enormen Herausforderung des Klimawandels und der nachhaltigen Entwicklungsziele beitragen will, müssen sich auch die Wissenschaft und das Wissenschaftssystem verändern. Die Wissenschaft muss über Fachrichtungen hinaus ganzheitlicher denken, entgegen der Entwicklung der letzten Jahrhunderte. Forschende dürfen sich auch nicht als unbeteiligte Beobachter verstehen, sie müssen in engen Austausch miteinander (Interdisziplinarität) und mit den handelnden Personen (Transdisziplinarität) treten, von ihnen lernen und mit ihnen gemeinsam Lösungen entwickeln.

Eine Frage
der Weltanschauung?

Kaum jemand bezweifelt die grundsätzliche Lösbarkeit der großen globalen Probleme, allen voran des Klimawandels. Zweifel regen sich bezüglich der Bereitschaft, die notwendigen Eingriffe in das Wirtschafts- und Geldsystem und in den eigenen Lebensstil zu tätigen. Nach Analysen von Naomi Oreskes, Professorin für Wissenschaftsgeschichte in an der Universität Harvard, geht es sogar den Klimaleugnern in den USA primär darum, staatliche Eingriffe in die Wirtschaft und den Lebensstil zu verhindern. Da der Klimawandel nicht ohne staatliche Eingriffe lösbar ist, müssen sie diesen leugnen. Die bekannte kanadische Schriftstellerin Naomi Klein vermutet sogar, dass die Klimaleugner die Bedrohung neoliberaler Werte durch den Klimawandel viel besser erkannt hätten als andere und gerade deshalb so hartnäckig auch offenkundige Tatsachen leugnen.

Der Risikoforscher Ortwin Renn, Leiter des Potsdamer *Institute for Advanced Sustainability Studies* (IASS), konstatiert eine krasse, systembedingte Unterschätzung der Risiken durch den Klimawandel, kombiniert mit dem Fehlen geeigneter Governance-Strukturen zur Veränderung der Systeme. Wenn dieser Befund stimmt, ist das Scheitern der Menschheit vorprogrammiert, es sei denn, es gelingt, durch Bewusstseinsbildung und strukturelle Änderungen die Katastrophe zu vermeiden. Nach Renn ein Wettlauf mit der Zeit, dessen Ausgang ungewiss bleibt.

Menschen sind Veränderungen gegenüber aufgeschlossener, wenn sie sich sicher fühlen und wenn andere aus ihrem Freundeskreis oder ihre Vorbilder die Veränderung mit- oder vormachen. Ängste machen Menschen unflexibel. Das ständige Zeichnen von Bedrohungsszenarien durch Politik und Medien – egal ob Flüchtlinge, Wirtschaftskrise oder Klimawandel – wirkt daher den notwendigen Systemänderungen entgegen; manche meinen, das sei beabsichtigt.

Die Einführung eines bedingungslosen Grundeinkommens, das heißt, dass die Existenzgrundlage für jeden Bürger vom Staat zur Verfügung gestellt wird, könnte vielen Ängsten die Spitze nehmen. Es würde sich nicht um ein Almosen handeln, sondern um ein Grundrecht. Was immer verdient wird, kommt dazu – der Leistungsanreiz bleibt daher erhalten. Das Modell wäre wirtschaftlich leistbar, sagen uns Experten, denn es würde sehr viel beim Sozialsystem eingespart werden. Was noch fehlt, könnte zum Beispiel über eine sehr geringe Steuer auf reine Finanztransaktionen, die keinen Wirtschaftswert erzeugen, gewonnen werden.

Es geht aber auch um eine Wertediskussion, die in der Gesellschaft geführt werden muss: Was ist uns wichtig? Geht es um den Lebensstandard oder die Lebensqualität? Darauf soll im Schlusskapitel noch eingegangen werden.

10

KLIMASCHUTZ- UND NACHHALTIGKEITSPIONIERE: VOM PROMI BIS ZUM BIOBAUER

Ist nur „Gutmenschen"
der Klimawandel ein Anliegen?
/
Was tun eigentlich die Leute,
die sich für das Klima einsetzen?
/
Wer sind sie?
Und gibt es sie auch in Österreich?

Ein religiöser Führer, ein ehemaliger Bodybuilder, ein ewiger Thronfolger und viele andere – manche kennt man, die meisten nicht –, sie alle tragen, alle auf ihre Weise und im Rahmen ihrer Möglichkeiten, zum Klimaschutz und zur Transformation der Gesellschaft in eine enkeltaugliche Zukunft bei. Einige davon seien hier erwähnt.

Papst Franziskus hat in seiner Enzyklika „Laudato Si" ein Feuerwerk an Kritik an der Gesellschaft, insbesondere in den Industrienationen, losgelassen. Er beschäftigt sich ausführlich mit Klimawandel und Ressourcenverbrauch und geißelt die Unersättlichkeit und Verantwortungslosigkeit der Menschen. Er sieht aber auch, dass es einerseits Individuen sind, die Energie und Ressourcen verbrauchen, dass diese aber andererseits durch Systeme systematisch dazu verführt werden. Er befindet, dass die Gier Einzelner eine Rolle spielen mag, aber ein Wirtschaftssystem, das ständiges Wachstum braucht, um stabil zu sein, und ein Geld- und Finanzsystem, die Wachstum anheizen, zentraler sind. Gepaart mit einem unangemessenen Vertrauen in Technologie und Innovation, die nicht mehr dem Menschen dienen, sondern ihn zu ihrem Diener gemacht haben, haben die Menschen die Kontrolle über die Entwicklung abgegeben. Es gilt, so Papst Franziskus, diese zurückzugewinnen, zum Wohle der Schöpfung, zum Wohle der Menschen. Man muss kein Katholik sein, um dieses Schreiben als wichtigen Beitrag zur Diskussion um eine enkeltaugliche Zukunft einzuschätzen. Papst Franziskus hat damit in der katholischen Kirche sehr vielen Menschen Gehör verschafft, die sich zuvor jahrelang weitgehend vergebens um ein Engagement der katholischen Kirche zum Schutz der Schöpfung bemüht hatten. Im Übrigen haben sich alle großen Religionsgemeinschaften bereits für den Klimaschutz ausgesprochen, zum Teil haben sie auch gemeinsam in interreligiösen Appellen zum Kampf gegen den Klimawandel aufgerufen.

So umfassend wie die Kritik des Papstes fällt die von **Arnold Schwarzenegger** nicht aus, aber er hat seine Amtszeit als Gouverneur von Kalifornien, der sechstgrößten Volkswirtschaft der Welt, genützt, um den Klimaschutz praktisch voranzutreiben. Er hat sich gegen die Linie seiner Partei, der Republikaner, gestellt, hat über Parteigrenzen hinweg Lösungen für Umweltprobleme gesucht und mit verschiedenen Förderprogrammen erneuerbare Energien gefördert. Er hat gezeigt, dass Klimaschutz Arbeitsplätze schaffen und die Wirtschaft stärken kann. Sein Nachfolger, ein Demokrat, hat die Programme weitergeführt und noch ausgebaut. Kalifornien will sich an das Pariser Klimaabkommen halten, auch wenn die USA aussteigen sollten. Auch nach seinem Ausscheiden aus der Politik widmet sich Schwarzenegger der Klimafrage, die er als entscheidende Herausforderung der Menschheit sieht.

Polly Higgins, eine britische Juristin, macht sich für die Aufnahme des Verbrechens „Ökozid" als fünftes Verbrechen stark, die vom Internationalen Gerichtshof behandelt werden können. Bereits auf der Liste stehen Völkermord, Verbrechen gegen die Menschlichkeit, Kriegsverbrechen sowie das Verbrechen der Aggression. Gelingt das, so können Politiker, Wirtschaftstreibende und andere, die „erhebliche Beschädigung, Zerstörung oder den Verlust von Ökosystem(en) eines bestimmten Gebietes durch menschliches Tun oder durch andere Ursachen in einem Ausmaß, welches die friedliche Nutzung des Gebietes durch seine Bewohner stark einschränkt oder einschränken wird" – so die vorgeschlagene Definition – verursachen, persönlich haftbar gemacht werden. Für massive Treibhausgasfreisetzungen wider besseren Wissens oder trotz besserer Technologien und damit dem vermeidbaren Anheizen des Klimawandels trifft der Tatbestand Ökozid zweifelsohne zu. Österreich hatte sich im Vorfeld der Errichtung des Internationalen Gerichtshofs mit dem Rom-Statut 1998 dafür eingesetzt, auch Umweltverbrechen aufzunehmen. Das wurde damals von den Großmächten verhindert. Jetzt fehlt ein österreichisches Engagement.

Rechtskampf für den Klimaschutz

Der rechtlichen Schiene im Kampf gegen den Klimawandel kommt immer mehr Bedeutung zu. Eine Nichtregierungsorganisation in den Niederlanden klagte den Staat wegen mangelnder Klimaschutzambitionen und bekam in erster Instanz Recht. Der Staat legte zwar Berufung ein, versprach aber, den Vorwurf ernst zu nehmen. Der Europäische Gerichtshof hat eine Klage von zehn Familien gegen das EU-Parlament und den Ministerrat zugelassen: Das 2030-Ziel der EU sei zu niedrig angesichts der dramatischen Folgen des Klimawandels. Die Stadt New York klagte die Firmen *BP*, *Chevron*, *ConocoPhillips*, *ExxonMobil* und *Royal Dutch Shell* wegen deren Anteil am Klimawandel, der die Stadt wegen der notwendigen Anpassungsmaßnahmen sehr teuer kommt. Ähnlich die Klage gegen den deutschen Energiekonzern RWE von Saul Luciano Lliuya, einem Bauern aus Peru, dessen Stadt wegen der schmelzenden Gletscher von einem See aus Schmelzwasser bedroht wird. Nachdem ein Gericht in erster Instanz die Klage abgewiesen hatte, ließ ein Berufungsgericht sie zu.

Auch Österreich schrieb Umweltgeschichte, als ein Verwaltungsgericht die Verfassungen von Bund und Ländern ernst nahm, und unter anderem wegen Unvereinbarkeit mit dem Pariser Klimaabkommen den Bau der dritten Piste am Flughafen Wien-Schwechat untersagte. Unrühmlich ist, was anschließend geschah – von dem

Ruf der Landeshauptleute nach Abschaffung der unabhängigen Verwaltungsgerichte, zur Aufhebung des Urteils durch den Verfassungsgerichtshof, zum Vorschlag einer Verfassungsänderung und einem rechtlich unausgegorenen Gesetzesentwurf zur Bevorzugung sogenannter wichtiger Infrastrukturen bis hin zur massiven PR-Aktion seitens des Flughafens.

Prince Charles, Langzeitthronfolger Großbritanniens, hat Stück für Stück experimentierend und selbst Hand anlegend, von vielen belächelt und von der Presse scharf kritisiert, eines seiner landwirtschaftlichen Güter in einen Musterbetrieb für ökologische Landwirtschaft umgebaut und für die Wirtschaft ganzer Regionen mit nachhaltigen Projekten neue Perspektiven geschaffen. Er nimmt regelmäßig national und international zu Umwelt- und Nachhaltigkeitsthemen Stellung und weist darauf hin, dass der Klimawandel als Ursache vieler heute schon dringlicher Probleme, einschließlich Migration und Wirtschaftskrise, zu betrachten ist. Er betont, dass es wenig Sinn macht, für die Einzelprobleme Lösungen zu suchen, wenn das zugrunde liegende Übel nicht zugleich bekämpft wird. Sein unermüdlicher Einsatz ist besonders bemerkenswert, weil er sich auch für ein weniger arbeitsreiches und kontroversielles, bequemes Leben in Luxus hätte entscheiden können. Dafür wäre er von den Medien wahrscheinlich weniger kritisiert worden.

Die Liste der Prominenten, die sich gegen den Klimawandel einsetzen, lässt sich fortsetzen:

+ **Yann Arthus-Bertrand,** Fotograf, Journalist und Aktivist, der wunderschöne und erschütternde Bilder von der Welt gezeigt hat;

+ **Leonardo DiCaprio,** der als Klimabotschafter auftritt und einen eigenen Film zum Klimawandel gedreht hat;

+ **Bianca Jagger** und **Bischof Erwin Kräutler,** die sich beide gegen das unter dem Deckmantel des Klimaschutzes segelnde Megaprojekt des Belo-Monte-Staudamms im Amazonas-Gebiet einsetzten, das Urwälder und Lebensräume indigener Gruppen zerstört, ohne nennenswerte Mengen an Strom zu liefern;

+ **Al Gore,** dem nach einer umstrittenen Stimmauszählung unterlegenen Präsidentschaftskandidat der USA, dessen Filme und Vorträge zur „unbequemen Wahrheit" weltweit Aufsehen erregten;

+ **Hermann Scheer,** der als Urheber des Erneuerbare-Energien-Gesetzes in Deutschland weltweit Maßstäbe schuf und vermutlich mehr als jeder andere für den Ausbau erneuerbarer Energien getan hat;

+ **Alan Rusbridger,** ehemaliger Chefredakteur des *Guardian,* der die weltweite Kampagne gegen fossile Brennstoffe und für Divestment gestartet und unterstützt hat: „Leave it in the ground" (Lass es im Boden);

+ **Naomi Klein,** die in ihrem Buch „Die Entscheidung. Kapitalismus vs. Klima" sehr deutlich die Verquickung von Ideologie und Klimaleugnen aufgezeigt hat, zugleich aber auf viele Bewegungen auf der ganzen Welt hinweist, die bisher noch schlecht vernetzt seien;

+ **Bernie Sanders,** Senator von Vermont und demokratischer Präsidentschaftskandidat 2017, dem viele den Sieg über Trump zugetraut hätten, der vehementer Verfechter von Klimaschutzmaßnahmen ist;

+ ... und viele weitere Persönlichkeiten, die nicht von vornherein mit der Klimafrage in Verbindung gebracht werden.

Sich für Klimaschutz einzusetzen
schafft auch Prominenz

Mittlerweile sind auch viele Wissenschaftler und Aktivisten, die beruflich mit Klimawandel befasst sind, zu international prominenten Persönlichkeiten geworden. Allen voran der eher schüchterne, jetzt 77-jährige Klimawissenschaftler **James Hansen** aus den USA, lange bei der NASA tätig, jetzt an der Columbia Universität, der aus Verzweiflung über das Nichthandeln der US-Regierung zum Aktivisten geworden ist, Demonstrationen anführt, mehrfach verhaftet wurde und für die Gerichtsverfahren junger Leute, die sich gegen klimafeindliche Projekte mit passivem Widerstand zur Wehr setzen, fachliche Gutachten schreibt.

Im deutschsprachigen Raum ist der Physikprofessor der Universität München **Harald Lesch** durch seine Fernsehauftritte und Bücher sehr bekannt, ebenso wie **Hartmut Grassl,** emeritierter Universitätsprofessor in Hamburg und ehemaliger Leiter des Weltklimaforschungsprogramms der Weltmeteorologischen Organisation in Genf. In Deutschland wäre auch **Hans-Joachim Schellenhuber** zu nennen, der mit dem *Potsdam-Institut für Klimafolgenforschung* (PIK) eine einzigartige Forschungseinrichtung aufgebaut hat, die auch in der Politikberatung eine wichtige Rolle einnimmt. Am PIK sticht auch **Stefan Rahmstorf** hervor, der sich in verdienstvoller Weise um die öffentliche Entkräftung der Klimaskeptiker-Argumente annimmt und neueste wissenschaftliche Erkenntnisse gemeinsam mit Kollegen über Internet der Fachwelt und Laien gleichermaßen zugänglich macht, und **Ottmar Edenhofer,** der bereits mehrfach zitiert wurde. **Kevin Andersen,** ein britischer Spitzenforscher, ist bekannt geworden, weil er sich zum Beispiel in Vorträgen unter dem Titel „Der Kaiser hat keine Kleider" kein Blatt vor den Mund nimmt und seinem Publikum, vorzugsweise auch seinen Kollegen und den Universitäten, ihre Verantwortung vorhält. Dass er mit der Transsibirischen Eisenbahn zu einer wissenschaftlichen Tagung nach China gefahren ist, sitzt wie ein Stachel im Fleisch der Kollegenschaft, die jedes Jahr viele Kilometer zu Tagungen fliegt.

Die indische Physikerin **Vandana Shiva** ist, wie James Hansen, eine Grenz-gängerin zwischen Wissenschaft und Aktivismus. Aufgerüttelt durch die verheerenden wirtschaftlichen Folgen des Einsatzes von genmanipulierten Samen auf die indischen Bauern, hat sie ein holistisches Weltbild ent-wickelt, in dem sie den Klimawandel als Weckruf versteht. Der Klimawan-del als Einladung, all jene Dinge zu ändern, die der Änderung bedürfen, um die Krisen des Wassers, des Bodens, der Ernährung und der Gesundheit zu beseitigen und gleichzeitig individuelle und kollektive Souveränität gegen-über den multinationalen Firmen wiederzuerlangen. In der NGO-Szene (Nichtstaatliche Organisationen) ist **Bill McKibben** aus den USA das Ge-sicht der Klimaproblematik schlechthin, er ist Urheber der Aktion 350 ppm und Mitbegründer der Divestment-Bewegung.

Die Kommunikationsmöglichkeiten, die das Internet und die sozialen Medien bieten, haben breitenwirksame Aktivitäten Einzelner wie Kurz-videos, etwa der TED-Serie, und verschiedenste Blogs zum Klimawandel hervorgebracht und Aktionsnetzwerke wie *Avaaz,* die eine beachtliche Wirkmacht entfalten.

Auch in Österreich gibt es
herausragende Persönlichkeiten

Heini Staudinger, der Schuhmacher aus dem Waldviertel, der GEA/Wald-viertler als soziales Regionalprojekt gründete und wegen seiner Art, Solar-energie gemeinsam mit seinen Kundinnen zu finanzieren, mit der Banken-aufsicht in Konflikt geriet. Er wehrte sich so erfolgreich gegen eine unange-messene Gesetzgebung, dass diese letztlich angepasst wurde.

Johannes Gutmann, der Gründer und Geschäftsführer von SONNENTOR, österreichischer Bio-Kräuterpapst mit alter Lederhose und roter Brille und ständig neuen Ideen. Er wählte die biologische Landwirtschaft von Anfang an, entwickelte sich vom Einmannbetrieb zu einem Unternehmen mit 400 Mitarbeiter und Partner in aller Welt, weil ja nicht jedes Kraut im Waldviertel wächst. Er praktiziert Gemeinwohlökonomie und zählt zu den dringend nötigen Experimentatoren.

Wenn man von Staudinger und Gutmann spricht, darf **Josef Zotter** aus der Steiermark nicht fehlen. Wer kennt sie nicht, die kleinformatigen Schokoladen, in zahllosen Variationen, durchwegs in Bioqualität? Josef Zotter fördert kleinbäuerliche Strukturen und zahlt faire Preise, weil es nicht nur um das gute Leben in Österreich, sondern auch in den Entwicklungsländern geht. Ein Erzeuger, der seinen Kunden auf jeder Tafel Schokolade nahelegt, wenig Schokolade zu essen, diese dafür aber zu genießen. Das kann man guten Gewissens, ohne Sorge um Kinder- und Sklavenarbeit, die doch sonst im Kakaogeschäft gang und gäbe ist. Spezielle Schokoladen unterstützen konkrete Hilfsprojekte – meist soziale Leistungen für Kinder, aber die Schokolade „Waldstück" führte zum Beispiel zu über 200.000 neu gepflanzten Bäumen und die Schokolade „Rettet die Erd-Bären" ist ein Appell, den Klimawandel ernst zu nehmen und zu handeln!

Vom Waldviertel über die Steiermark nach Melk und St. Pölten: Ziel der Familie Gugler war, einen Druckereibetrieb zu schaffen, von dem alle profitieren – Gesellschafter, Kunden, Mitarbeiter, Partner und die gesamte Region. Mittlerweile ist der Betrieb thematisch weit über die Druckerei hinausgewachsen und zeichnet sich in vielen Bereichen durch vorbildliches, umweltfreundliches und soziales Verhalten aus. Dem Cradle-to-Cradle-Prinzip folgend, ist *Gugler* innovativ in der Gestaltung von Produkten, die nach Gebrauch wiederverwertbar sind – einschließlich des Betriebsgebäudes.

Technologisch ganz vorne ist *Fronius International,* ein österreichisches, familiengeführtes, international tätiges Hightechunternehmen im Bereich Schweißtechnik, Batterien und – seit 1992 – Solartechnologie. Die Vision heißt „24 Stunden Sonne". Dazu muss erneuerbare Energie immer effizienter erzeugt und gespeichert sowie intelligent und kosteneffizient verteilt und verbraucht werden. Daran arbeitet Fronius. Alle Fronius-Produkte zeichnen sich durch eine lange Lebensdauer und Reparierbarkeit aus – ein wesentlicher Beitrag zur Nachhaltigkeit und zur Ressourcenschonung.

„Reparieren statt neu kaufen" war das Motto von *R.U.S.Z.*, einer Gründung von **Sepp Eisenriegler,** die von Beginn an auch ein Sozialprojekt für Langzeitarbeitslose war. Inzwischen ist aus der Reparaturwerkstätte zunächst ein österreichisches, dann ein EU-weites Netzwerk von Reparaturwerkstätten geworden, mit einer Interessenvertretung bei der EU in Brüssel, die Erstaunliches für die Wiederverwendung und Reparatur durchgesetzt hat.

Mit einem einfachen, aber wirksamen Produkt trägt die kleine österreichische Firma *Helioz* zum Klimaschutz, zur Gesundheit und zum Schulbesuch in Entwicklungsländern bei. Ein faustgroßes, sehr stabiles Gerät misst die Ultraviolettstrahlung und zeigt mit einem einfachen Smiley an, ob die mit unsauberem Wasser gefüllten Plastikflaschen schon lange genug in der Sonne gelegen sind, damit alle gesundheitsgefährdenden Keime im Wasser unschädlich geworden sind. Das spart Brennholz zum Abkochen des Wassers und schont damit das Klima und die Zeit von Frauen und Kindern, deren Aufgabe sonst das Holzsammeln war. Wenn Kinder Wasserflaschen auf das Schuldach legen und sie am Ende des Unterrichts als Trinkwasser nach Hause nehmen dürfen, steigt die Zahl der Kinder, die in die Schule geschickt werden.

Auch diese Liste ließe sich noch lange und für viele Branchen fortsetzen. Diese Beispiele zeigen zweierlei: Erstens, es geht auch anders – man muss sich nicht dem neoliberalen Wirtschaftsdenken verschreiben, um erfolgreich zu sein, und zweitens, man muss nicht mit Gütern oder Macht gesegnet sein, um Großes auf die Beine zu stellen oder Gutes zu bewirken. Keinem der Genannten war es in die Wiege gelegt, dass sie und ihre Unternehmensphilosophie einmal in ganz Österreich und darüber hinaus bekannt sein würden. Vertrauen in die eigenen Ziele, eine Partnerin oder ein Partner und ein Team, das an die Sache glaubt, harte Arbeit und Durchhaltevermögen sind Voraussetzungen für Erfolg.

Bekannt sind auch die österreichischen Klimaaktivisten wie **Alexander Egit** von Greenpeace, der Kopf hinter zahlreichen Kampagnen gegen Kernenergie und für Klimaschutz, **Angie Rattay** und **Adam Pawloff,** die mit ihrem Verein *Neongreen Network* einmal im Jahr die Erdgespräche veranstalten und über 600 überwiegend jugendliche Teilnehmende mit Klimawandel und den anderen großen Umweltthemen in Berührung bringen, oder **Wolfgang Pekny,** von *www.footprint.at,* der den ökologischen Fußabdruck so gut veranschaulicht. Zu nennen sind auch Wissenschaftler wie Univ.-Prof. **Hermann Knoflacher** und sein Schüler **Harald Frey** von der TU Wien, die in der Verkehrsplanung neue klimafreundliche Maßstäbe setzen, oder **Alfred Haiger** von der BOKU, ein Vorkämpfer für biologische Landwirtschaft und ganz früher Mahner gegen die nicht nachhaltigen Entwicklungen in der EU. **Sigrid Stagl** und **Clive Spash** von der WU Wien, die alternative Wirtschaftsmodelle vorantreiben und der nächsten Generation von Ökonomen näherbringen, und **Ulrich Brand** von der Universität Wien, der die politischen, vor allem die machtpolitischen Aspekte des Klimawandels behandelt, sind in Österreich und weit darüber hinaus bekannt. In dieser Liste darf natürlich **Peter Weish** nicht fehlen: Wissenschaftler und Umweltaktivist der ersten Stunde, Umweltgewissen der Nation. Kaum ein Umweltthema, zu dem er sich nicht engagiert hätte. Klimawandel war für ihn immer eine ethische Frage und wichtiger Teil der Nachhaltigkeit. Ein Problem, das man nicht losgelöst von anderen betrachten darf.

Das Wesentliche ist die Bewegung, *das Netzwerk*

Nicht immer stehen Einzelpersonen im Vordergrund, das gilt besonders für herausragende Personen in der Verwaltung. Für den Erfolg einer Privatperson ist meist ein Netzwerk oder eine Bewegung wichtig. Hier ist zum Beispiel das Netzwerk *Council für Nachhaltige Logistik* (CNL) zu nennen, das auf eine Initiative von Max Schachinger zurückgeht und von Werner Müller von der Universität für Bodenkultur umsichtig betreut wird.

Logistikfirmen finanzieren den Koordinator gemeinsam, um zusammen die stark von fossiler Energie abhängige Branche klimafreundlicher zu machen. Große Dachflächen können für Solarenergie genutzt, Lagerhallen klimafreundlich gebaut und Fahrzeugflotten auf e-Lkws umgestellt werden. Dazu müssen unter anderem Infrastrukturen geschaffen, Gesetze angepasst und die Batterietechnologie weitergetrieben werden. Wenn viele an einem Strang ziehen, obwohl sie im Tagesgeschäft Konkurrenten sind, dann gelingt es sogar, einen Hersteller zu überzeugen, die e-Lkws in Österreich zu produzieren, und dann unterstützt auch das österreichische Bundesministerium für Verkehr, Innovation und Technologie diese Transformationsbemühungen.

Kooperation im Sinne der Sache statt Konkurrenz ist auch der Grundgedanke beim 2010 gegründeten *Climate Change Centre Austria* (CCCA), einem Netzwerk von über 20 Klimaforschungseinrichtungen. Gemeinsam wurde der *Österreichische Sachstandsbericht Klimawandel 2014,* der weltweit erste nationale Sachstandsbericht mit Beiträgen aller kooperationswilligen Klimaforschenden, erarbeitet, dann *COIN – Kosten des Nicht-Handelns: Analyse der Klimawandelkosten in Österreich,* eine gemeinsame Studie über die Kosten, die entstehen, wenn Österreich nicht gegen den Klimawandel vorgeht; *ÖKS15,* ein gesamtösterreichischer Datensatz zu zukünftigen Klimaszenarien, eine Forschungsstrategie und vieles andere. Nachdem Forschenden seit mehreren Jahrzehnten ständig gesagt wird, dass nur Konkurrenz ein Garant für Qualität ist, und alle Strukturen diese Sichtweise verstärken, eine beachtliche Leistung.

Vielen bekannt ist das in Österreich noch kleine, aber sehr aktive Netzwerk *System Change, not Climate Change!,* das einen Systemwechsel im Sinne der Ausführungen in Kapitel 8 fordert als einzige Möglichkeit, den Klimawandel tatsächlich zu stoppen. Öffentliche Aufmerksamkeit erregte die Gruppe, als eine junge Dame, Lucia Steinwender, Bundeskanzler Sebastian Kurz vor seiner Eröffnungsrede beim letzten R20-Klimagipfel in Wien höflich um das Mikrofon bat, um dann seine Politik, die das Gegenteil von Klimaschutz sei, zu kritisieren, und für diese „Umwelt-Guerilla-Aktion" viel Beifall im Saal und außerhalb erntete.

Mit Schulen arbeitet die Universität Innsbruck unter Leitung von Hans Stötter im Rahmen des *k.i.d.Z-Programms* („Kompetent in die Zukunft") zusammen, um Schülern und Schülerinnen die globalen Veränderungen, insbesondere den Klimawandel, näherzubringen: Vorträge, Projekte, eine Woche im Gletschergebiet – was man selbst sieht, erlebt und in Projekten verarbeitet, ist viel eindrucksvoller und die Lehrer und Lehrerinnen lernen dabei auch dazu.

Die *Pioneers of Change* sind bemüht, jungen Menschen zu helfen, gestaltend in ihre Welt einzugreifen, ganz im Sinne der Empfehlung der Wissenschaftlichen Beirates für Globale Umweltfragen des Deutschen Bundestages: „Wir müssen Pioniere des Wandels fördern und vervielfachen, um eine rasche Transformation zu erreichen."

Gemeinden und Regionen *preschen vor*

Der *Klima- und Energiefonds* der österreichischen Bundesregierung hat seit seinem Bestehen im Rahmen von zahlreichen, sehr diversen Förderprogrammen quer durch die Ressorts und auf allen Ebenen Wirkung entfaltet. Stellvertretend für viele Aktivitäten sei die Einrichtung von sogenannten Klima- und Energiemodellregionen (KEM) genannt, in denen ein zu 50 Prozent vom Fonds gezahlter KEM-Manager den beteiligten Gemeinden hilft, Klima- und Energiekonzepte zu entwickeln und umzusetzen. Derzeit gibt es schon 91 Klima- und Energiemodellregionen mit 772 Gemeinden und mehr als zwei Millionen Einwohnern österreichweit (siehe Abb. 10-1). 2018 wurden die KEM-Regionen durch Klimawandelanpassungsregionen (KLAR) erweitert, um auch die bereits notwendigen Anpassungsmaßnahmen auf regionaler Ebene in Angriff zu nehmen. Besonders spannend sind auch die Faktenchecks zum Klimawandel, zur Energie, zu Passivhäusern oder zur Elektromobilität, die viele interessante Informationen enthalten und damit hartnäckig verbreitete Irrtümer, die durch ständige Wiederholungen wie Wahrheiten wirken, ausräumen helfen und die man vom *Klima- und Energiefonds* kostenlos beziehen kann.

Die 206 e5-Gemeinden (siehe Abb. 10-1) in sieben Bundesländern (Oberösterreich und das Burgenland beteiligen sich nicht) haben sich einen besonders strengen und transparenten Plan für den Ausstieg aus fossiler Energie vorgenommen und etwa 20 Gemeinden, wie zum Beispiel Virgen und Eisenkappel-Vellach, haben ihren Plan schon zu über 80 Prozent erfüllt.

↓ **Abbildung 10-1:** Räumliche Verteilung der Klima- und Energiemodellregionen (KEM) sowie der e5-Gemeinden in Österreich [16]

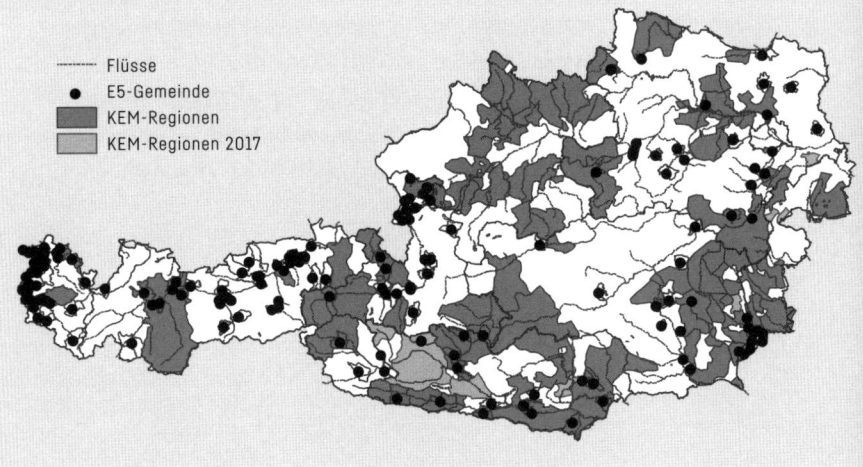

Weniger streng, aber breiter und stark auf Aktionen mit Schulen und der Bevölkerung ausgerichtet sind die Klimabündnisgemeinden – derzeit gibt es fast 1.000 Gemeinden, mehr als 1.000 Betriebe und über 500 Schulen, die in Österreich Klimabündnispartner sind. Damit hat etwa die Hälfte aller Gemeinden bereits beschlossen, sich in Sachen Klimaschutz zu engagieren und im eigenen Bereich Maßnahmen zu setzen.

Häufig fängt es mit erneuerbaren Energien oder Energieeffizienz an, manchmal auch mit Maßnahmen gegen die Verkehrsplage. Bald werden die Projekte umfassender, genügt es nicht mehr, Fotovoltaik aufs Dach zu geben, es muss auch das Gebäude klimafreundlich sein. Die Ernährung folgt – wieso eigentlich bis zum Supermarkt fahren, wenn unsere Bauern doch hervorragende Qualität und frisch liefern? Und die Erkenntnis, dass, will man den Greißler im Ort haben, man auch bei ihm einkaufen muss. Früher oder später folgt die Raumplanung, bis letztlich alle Lebensbereiche erfasst sind. Dann bieten sich Lösungen an, die eben nur möglich sind, wenn man das Ganze im Blick hat.

Obwohl keineswegs vollständig – ergeben die angeführten Personen, Firmen, Gemeinden und Regionen eine beeindruckende Liste. Ist es genug, was diese Menschen getan haben? Nein, natürlich nicht – die Treibhausgasemissionen steigen weiter, auch in Österreich! Noch ist das Überleben unserer Zivilisation nicht gesichert. Hätten diese Menschen, Firmen, Gemeinden mehr tun müssen? Vielleicht. Aber vor allem hätten mehr Menschen, Firmen und Gemeinden und wohl auch der Staat etwas tun müssen. Was Sie beitragen könnten, ist Thema des nächsten Kapitels.

11

MEINE ENKERL SOLLEN STOLZ AUF MICH SEIN!

Tue ich genug oder wird mein Enkerl mir Vorwürfe machen?

/

Was hindert mich eigentlich, klimafreundlicher zu leben?

/

Ist die Aufgabe nicht zu groß? Wäre nicht die Politik zuständig?

/

Habe ich selber auch was davon?

In Zeiten des Umbruchs kann man nicht neutral sein. Entweder man fördert die Veränderung oder man stützt das Bestehende und damit die Machthaber – aktiv oder dadurch, dass man nicht Stellung nimmt. In seinem Buch „Was auf dem Spiel steht" vertritt Philipp Blom die Hypothese, dass das große spanische Weltreich im 17. Jahrhundert auch deshalb zugrunde ging, weil es mit seinen verkrusteten Strukturen nicht erkannte, dass die hereinbrechende Kleine Eiszeit andere Einkommensquellen und andere Strukturen erforderlich machte. Die kleinen, unbedeutenden Niederlande hingegen stiegen zur Großmacht auf, weil sie Handel, Wissenschaft und Bildung förderten, Religionsfreiheit boten und flexibel mit der geänderten Situation umgehen konnten. Wie mögen die spanischen Herrscher und Granden ihren Kindern erklärt haben, dass sie deren glänzende Zukunft verspielt haben?

Heute stehen wir wieder am Beginn eines dramatischen Klimawandels, der Anpassung von Konzepten und Strukturen erfordert. Die Wissenschaft zeichnet ein sehr klares Bild der kommenden Entwicklung, abhängig von unserem Tun. Wer mutig vorausgeht, hilft, die Bedrohung als Chance zu begreifen. Wer zögert und verzögert, gefährdet die Zukunft seiner Kinder und Kindeskinder. Was wollen Sie Ihren Kindern und Enkeln, die das Jahr 2100 voraussichtlich noch erleben werden, über Ihre Rolle an diesem Scheideweg erzählen können? Haben Sie sich je gefragt, welche Rolle Ihre Vorfahren in der Zeit der Nationalsozialisten spielten? Was wissen Sie über Ihren Großvater oder Ihre Großmutter? Waren sie im Widerstand oder nicht? Was trieb sie an? Was hinderte sie? Was war ihnen wichtig?

Schreiben Sie einen Brief an Ihre Enkel, in dem Sie ihnen erzählen, was Sie freut, worauf Sie stolz sind, was Sie bedauern. Halten Sie fest, was Sie mit Ihrem Leben gemacht haben. Es wird die Zeit kommen, da Ihre Enkel das wissen wollen. Sie werden Ihnen die Fragen stellen, die wir unseren Eltern und Großeltern gestellt haben: Was habt ihr gewusst? Was habt ihr getan?

Über welche Ausreden
sind Sie schon hinaus?

Denken Sie jetzt: „Was kann ich schon tun? Ich bin nur ein kleines Rädchen in einem großen Getriebe, ich muss mich mit den anderen drehen, habe keinen Spielraum für Eigenes? Ja, wenn ich Generalsekretär der UNO oder Bundeskanzler wäre, Chef der VOEST oder Herausgeber einer großen Zeitung, wenn ich wenigstens ein begnadeter Redner wäre, dann würde ich ..., dann hätte ich ..." Dem sei ein drastisches Beispiel entgegengehalten: Die Geschwister Scholl und ihre Mitstreiter, die unter dem Namen „Die weiße Rose" gegen das Hitlerregime kämpften, haben gerade einmal sechs Flugblätter geschrieben und konnten nur fünf zur Verteilung bringen, bevor sie verhaftet und wegen Hochverrats hingerichtet wurden. Fünf Flugblätter erreichten einige Tausend Personen in einem Reich von 80 Millionen – was kann das schon für Wirkung haben? Junge Menschen, keine 30 Jahre alt, Studenten ohne Position und Status. Und doch ist die *Weiße Rose* heute in der ganzen Welt ein Begriff, gab der mutige, wenn auch hoffnungslose Widerstand einer kleinen Gruppe von Menschen Tausenden für ihre Kämpfe Ermutigung.

Haben die Geschwister Scholl geglaubt, mit Flugblättern und einigen Protestmalereien an Wänden Hitler stürzen zu können? Nein, natürlich nicht. Aber sie taten, was ihnen richtig und notwendig erschien. Sie konnten nicht wissen, welche Wellen der Stein schlagen würde, den sie ins Wasser warfen. Sie konnten nicht wissen, dass das sechste Flugblatt nach ihrer Hinrichtung in die Hände der Alliierten gelangte und in Hunderttausenden Exemplaren aus Flugzeugen über Deutschland abgeworfen werden würde. Hans Scholls Begründung für sein Tun: Er wollte am Ende des Krieges nicht „mit leeren Händen vor der Frage stehen: Was habt ihr getan?"

Sich für Klimaschutz einzusetzen kostet in unseren Breiten nicht das Leben. Aber es gibt Hoffnung für das Leben der nachfolgenden Generationen. Auch kann man nie abschätzen, welche Wirkung das eigene Tun hat. Vielleicht hat ein Mensch gehört, was man gesagt hat, und das hat ihn zum

Nachdenken gebracht? Vielleicht auch gar nicht diesen Menschen – er hat es nur jemandem erzählt, vielleicht sogar sich darüber lustig gemacht – aber dieser hat es aufgegriffen und damit wurde etwas in Bewegung gesetzt.

++ MEHR ERFAHREN ++

Bewusstseinsbildung mittels Dienstreiseantrag
Ich habe einmal um eine Dienstreise nach Brüssel angesucht und angegeben, dass ich mit der Bahn fahre. In unserem perversen System ist das teurer, als zu fliegen, daher hat die Bearbeitung dieses Ansuchens länger gedauert als normal. Wochen später wurde ich bei einer Veranstaltung einem Ministersekretär vorgestellt und er begrüßte mich mit: „Ah, Sie sind die Dame, die mit der Bahn nach Brüssel reisen will!" Das Ansuchen hatte alle Stufen bis ins Ministerbüro durchlaufen und alle damit befassten Beamten wurden plötzlich mit konkretem Klimaschutz konfrontiert.

Aber vielleicht kommen Sie sich nicht zu klein, nur unzuständig vor? Oder Sie haben ohnehin schon alle Lampen gegen Energiesparlampen ausgetauscht? Oder Sie meinen, so lange die Amerikaner (emittieren viel mehr) oder die Chinesen (sind so viele) nichts tun, macht es wenig Sinn, sich einzuschränken? In einer wissenschaftlichen Studie wurden all die typischen Gründe und Ausreden, die vorgebracht werden, um nicht handeln zu müssen, in sieben Gruppen zusammengefasst.

++ *MEHR* ERFAHREN ++

Die sieben „Drachen der Untätigkeit" nach Gifford
Gründe mit denen Menschen sich selbst gegenüber
entschuldigen, warum sie trotz der Dringlichkeit des
Problems Klimawandel nicht handeln.

1.
BEGRENZTE WAHRNEHMUNG DES PROBLEMS

+ Unser Gehirn ist evolutionsbedingt auf unmittelbare Familie,
  Gefahren, Nahrungsmittel und das Jetzt ausgerichtet.
  Langfristdenken kommt nicht von selbst.

+ Unwissenheit über den Klimawandel oder
  Handlungsoptionen
  (Klimawandel gab es doch schon immer schon.)

+ Abgestumpftheit gegenüber der Umwelt aus Unwissenheit
  oder Reizüberflutung

+ Wahrgenommene Unsicherheit von Aussagen
  (Die Wissenschaft ist sich nicht einig.)

+ Unterschätzung zeitlich entfernter Risiken
  (Das hat noch Zeit; es passiert woanders.)

+ Überoptimismus für den eigenen Bereich
  (Mich wird der Klimawandel nicht treffen.)

+ Mangelnde Wahrnehmung der eigenen Möglichkeiten
  (Ich bin zu klein und schwach.)

2.
IDEOLOGISCHE ANSICHTEN, DIE KLIMA-MASSNAHMEN UND KLIMAFREUNDLICHES VERHALTEN AUSSCHLIESSEN

+ Glaube an das oder Verankerung im neoliberalen Wirtschaftssystem
  (Der Markt wird auch das Klimaproblem lösen.)

+ Glaube an übernatürliche Hilfe
  (Gott wird das nicht zulassen.)

+ Technologiegläubigkeit
  (Wir haben bis jetzt noch immer eine Technologie gefunden.)

+ Rechtfertigung des Systems, das einem einen privilegierten Platz eingeräumt hat

~~~~~

3.
VERGLEICH MIT ANDEREN UND SCHLÜSSELPERSONEN

+ Der Freundeskreis tut es nicht
  (Ich will nicht der/die Einzige sein, die ...)

+ Es entspricht nicht den Gepflogenheiten
  (Was werden die anderen von mir denken?)

+ Empfundene Ungleichheit
  (Warum soll ich sparen, wenn er doch viel mehr Strom verbraucht?)

4.
VERLORENE INVESTITIONEN
UND DIE MACHT DER GEWOHNHEIT

+ Bereits getätigte Ausgaben
  (Jetzt habe ich mir gerade ein Allradauto zugelegt.)

+ Gewohnheiten
  (Mit den Öffis kenne ich mich nicht aus.)

+ Widersprechende Ziele
  (Klimaschutz, ja, aber Urlaub in der Südsee muss sein.)

+ Heimatverständnis
  (Erneuerbare Energien, ja, aber keine Windräder hier bei uns.)

5.
MANGELNDES VERTRAUEN
ZU EXPERTEN UND AUTORITÄTEN

+ Misstrauen gegenüber der Wissenschaft
  (Die Zahlen sind alle manipuliert.)

+ Kritik an Maßnahmenprogrammen
  (Damit wird nur ein Bruchteil der Emissionen erfasst.)

+ Leugnen des Problems
  (Von Wissenschaftlern erfunden, um Forschungsgelder
  zu bekommen.)

+ Reaktanz – weil die eigenen Interessen gefährdet sind,
  werden bewusst Zweifel gesät.

6.
VERMUTETE RISIKEN DER VERÄNDERUNG, GLAUBE AN VERBREITETE MYTHEN

+ Kann das funktionieren?
  (In Passivhäusern kann man die Fenster nicht öffnen.)

+ Physische Gefahr
  (Fahrräder sind in der Stadt zu gefährlich.)

+ Finanzielles Risiko
  (Wird sich die PV-Anlage amortisieren?)

+ Gesellschaftliches Risiko
  (Werde ich ausgelacht wegen des e-Autos?)

+ Psychologisches Risiko
  (Halte ich es psychisch aus, Pionier zu sein?)

+ Zeitverlust
  (Lohnt es die Zeit, zu erkunden, wo ich Biolebensmittel bekomme?)

7.
BEGRENZTE VERHALTENSÄNDERUNGEN

+ Symbolische Maßnahmen
  (Ich habe ohnehin schon überall Energiesparlampen.)

+ Einsparungen werden durch neue Leistungen relativiert.
  (Wir können viel fahren, das Auto ist ja besonders sparsam im Verbrauch.)

Die „Ich bin zu klein und schwach"-Ausrede fällt in die Gruppe „Begrenzte Wahrnehmung des Problems", der Verweis auf die Chinesen in die „Vergleich mit anderen"-Gruppe. Und ja, natürlich müssen auch die Chinesen Klimaschutz betreiben, aber das ist kein Grund, nicht selbst anzufangen. Der Klimawandel ist entstanden, weil über die ganze Welt verteilt, aber besonders in den Industrienationen wie Österreich, jeder Stück für Stück elektrische Zahnbürsten, Tranchiermesser, Bohrmaschinen und Schraubenzieher, größere Fernsehschirme, mehr und größere Autos gekauft hat, mehr Beleuchtung, mehr warmes Wasser und wärmere Zimmer haben wollte. Kleinweise ist die Treibhausgaskonzentration gestiegen, kleinweise kann der Klimawandel auch zurückgenommen werden. Das Wirtschafts- und Geldsystem hat bewusst zu dieser Entwicklung verleitet und es bedarf einer Änderung, aber das kann in einer Demokratie nur gelingen, wenn die Wähler und Wählerinnen durch ihre Stimmabgabe, aber vor allem aber durch ihre Handlungen signalisieren, dass sie das wollen.

Sie müssen auf nichts und niemanden warten: Was Sie selber tun können

Klimaschutz wird häufig mit Einschränkung und Verzicht gleichgesetzt. Es wäre unseriös zu behaupten, dass diese nicht auch nötig werden, vor allem in den reichen Ländern; aber im Wesentlichen geht es darum, das richtige Maß zu halten, nicht exzessiv Treibhausgase zu emittieren. Das soll Sie nicht daran hindern, auch zu genießen, mit gutem Gewissen – im Gegenteil, was selten ist, wird mehr geschätzt. Darüber hinaus macht klimafreundliches Handeln oft Freude, kann Ihre Gesundheit verbessern und Ihr Leben bereichern. Ganz unterschiedliche Analysen zeigen, dass die Lebensqualität nach Deckung der Grundbedürfnisse mit zunehmendem Einkommen, Ressourcen- und Energieverbrauch nur noch vergleichsweise wenig ansteigt. Auf diesen zusätzlichen Verbrauch kann daher ohne wesentliche Einbuße an Lebensqualität verzichtet werden.

Christof Drexel hat in einem sehr hilfreichen Buch, „Zwei Grad. Eine Tonne. Wie wir das Klimaziel erreichen und damit die Welt verändern", nüchtern vorgerechnet, was jeder selbst umstellen kann, um seine derzeitigen Treibhausgasemissionen deutlich zu reduzieren, ohne dabei in Extreme zu verfallen. Bei der Ernährung kann man zum Beispiel allein mit Umstellung auf die medizinischen Ernährungsempfehlungen hinsichtlich des Anteils von Fleisch und Milchprodukten schon an die 80 Prozent Treibhausgasemissionen sparen. Nicht zu vernachlässigen sind die Getränke: Aluminiumdosen, Einwegflaschen – das summiert sich. In Flaschen abgefülltes Mineralwasser bringt praktisch keinen Mehrwert gegenüber Leitungswasser in der Qualität, wie wir es in Österreich haben, verursacht aber mehr Treibhausgasemissionen. Dass saisonales und regionales Gemüse und Obst zu bevorzugen ist – es ist geschmacklich besser und klimafreundlicher –, hat sich in Österreich schon herumgesprochen. Biologische Landwirtschaft bindet nicht nur Kohlenstoff im Boden, sondern die Produkte sind auch gesünder, weil die Lebensmittel keine Rückstände von Unkraut- und Schädlingsvernichtungsmitteln enthalten. Insgesamt rechnet Drexel vor, dass im Bereich der Ernährung leicht eine halbe bis ganze Tonne CO_2-Äquivalente pro Person und Jahr eingespart werden kann, mit durchaus positiven Auswirkungen auf Genuss, Gesundheit, Land- und Volkswirtschaft. Bei einer durchschnittlichen Gesamtemission von zehn bis zwölf Tonnen pro Person und Jahr ist das schon ein guter Anfang.

Nicht nur bei der Ernährung, auch in anderen Bereichen können Treibhausgase eingespart werden, ohne Lebensqualität zu verlieren. Das Ergebnis seiner sehr ermutigenden Überlegungen ist, dass man, noch ohne den Beitrag von Energieeffizienzmaßnahmen oder erneuerbare Energien in Anspruch zu nehmen, die Emissionen um zwei Drittel kürzen könnte – aber bei sehr verschwenderischem Lebensstil auch mehr als verdoppeln.

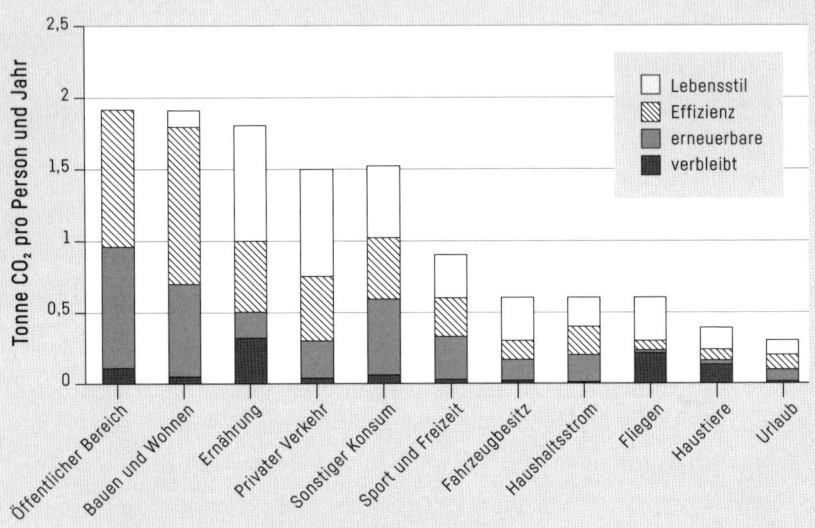

EINFLUSS DES LEBENSSTILS

Legende:
- Lebensstil
- Effizienz
- erneuerbare
- verbleibt

Y-Achse: Tonne CO_2 pro Person und Jahr

Kategorien: Öffentlicher Bereich, Bauen und Wohnen, Ernährung, Privater Verkehr, Sonstiger Konsum, Sport und Freizeit, Fahrzeugbesitz, Haushaltsstrom, Fliegen, Haustiere, Urlaub

↑ Abbildung 11-1: Treibhausgaseinsparungspotenziale in verschiedenen Bereichen durch Änderung im Lebensstil, Energieeffizienzmaßnahmen und Umstieg auf erneuerbare Energien[17]

Abbildung 11-1 zeigt, dass es wesentlich mehr Schrauben gibt, an denen man drehen kann, als die in den Medien normalerweise behandelten Themen Fleischgenuss und Elektroauto. Zu Fuß gehen, Fahrrad fahren (der Weg zur Arbeit ist bei etwa einem Drittel der Erwerbstätigen kürzer als fünf Kilometer, bei etwa der Hälfte weniger als zehn Kilometer), das Auto durch ein e-Bike ersetzen, öffentliche Verkehrsmittel nutzen (soweit vorhanden), Auto nur bis zur Bahn oder wenn sonst nötig, Fahrgemeinschaften und Carsharing nützen, spritsparend fahren, sparsameres Auto kaufen, Flüge vermeiden: Allein die Mobilität bietet eine Fülle von Ansatzpunkten.

Der in der Abbildung angeführte „sonstige Konsum" umfasst vor allem Bekleidung und Schuhe, elektronische Geräte, Wohnungseinrichtung und Haushaltsgegenstände, Waschmittel und Produkte zur Körperpflege und Papier. Dass es hier sehr stark darauf ankommt, ob nur das gekauft wird, was tatsächlich gebraucht wird, wie langlebig die Produkte sind, welchen Transportweg sie hinter sich haben und welchen ökologischen Rucksack sie mitschleppen, versteht sich von selbst. Flicken und reparieren statt neu kaufen mag aufgrund der unseligen Besteuerung von Arbeit statt Ressourcen teurer sein, aber klimafreundlicher ist es allemal, und oft hat man angesichts der ständig sinkenden Produktqualität dadurch das bessere Gerät. Ein kleiner Aufkleber „Keine Werbung bitte" spart nicht nur Papier, sondern schont auch die Wälder und man setzt sich nicht ständig der Versuchung aus, Überflüssiges zu kaufen, nur weil es gerade billig oder „in" ist.

Ganz wesentlich ist natürlich die Haushaltsgröße, weil vieles unabhängig von der Zahl der Personen, die in dem Haushalt leben, betrieben werden muss – wie zum Beispiel die Heizung. Bei zwei Personen reduzieren sich die Emissionen pro Person auf etwa 60 Prozent. Jedenfalls hilft es, Lichter und Stand-by abzuschalten, die Heizung herunterzudrehen, die Fenster zu dichten, nur kurz, aber gründlich zu lüften (Stoßlüften), kürzer heiß zu duschen, die Deckel auf Kochtöpfe zu geben, energieeffiziente A++-Geräte zu nutzen und vieles andere. Dass Plusenergiehäuser günstiger sind, und erneuerbare Energie und gute Wärmedämmung auch Treibhausgasemissionen reduzieren, muss nicht extra betont werden. Diese Maßnahmen liegen aber nicht immer im Ermessen des Einzelnen.

Wenn der Klimawandel eingebremst werden soll, dann müssen sich Gewohnheiten ändern – nicht Einzelaktivitäten bestimmen die Treibhausgasemissionen, sondern was immer wieder getan wird. Gewohnheiten zu ändern erfordert eine Entscheidung, also Hirn und Toleranz für die Unbequemlichkeit der Übergangszeit. Bedenken Sie bei all diesen Vorschlägen, dass Sie die Freude am Leben nicht verlieren sollen. Es geht vor allem darum, ein gutes Maß zu finden. Die vielen notwendigen kleinen Schritte ergeben sich dann ganz von selbst.

Trauen Sie sich!
Gute Vorbilder sind wichtig

Sich für Neues zu entscheiden kann Mut erfordern – insbesondere auf der Familien- und Freundesebene. Gegenüber Fremden oder entfernt Bekannten, deren Meinung einem weniger wichtig ist, tut man sich manchmal leichter. Das gute Beispiel ist aber sehr wichtig. Wenn wir einen Vortrag in einer Schule halten, spüren wir gegen Ende, wenn Schüler und Schülerinnen schon etliche Fragen gestellt haben, wie sich die Spannung im Saal aufbaut. Und dann kommt die unweigerliche Frage: „Und wie sind Sie heute hierhergekommen?" Wenn wir dann sagen müssten: „Mit dem Auto", hätten wir uns die Reise und den Vortrag sparen können. Man spürt das Aufatmen im Saal, wenn wir sagen: „Mit der Bahn." Aha – sie meinen es ernst. Endlich Erwachsene, die versuchen zu leben, was sie predigen!

++ *MEHR ERFAHREN* ++

Mutig in das heiligste Familienfest eingegriffen
Eine Studentin hatte sich vorgenommen, das Weihnachtsfest in der Familie klimafreundlich zu gestalten. Bei den Geschenken wollte sie der Familie nicht dreinreden, aber einen lebenden Christbaum, vegetarisches Weihnachtsessen, keine weihnachtliche Verpackungsorgie usw. gehörten jedenfalls dazu. Mit Bangen wandte sie sich an die Großmutter, bei der das Weihnachtsfest traditionell stattfand – was würde die alte Frau dazu sagen? Kein Weihnachtspapier? Das haben wir nach dem Krieg auch

nicht gehabt, aber mit Zeitungspapier lassen sich sehr schöne Verpackungen basteln! Kein Fleisch? Na, wenn du kochst – wir können es ja probieren! Das Weihnachtsfest wurde zum vollen Erfolg – ein gelungenes Familientreffen mit gehaltvolleren Gesprächen als sonst. Nur ein Cousin trauerte dem Weihnachtsbraten nach.

Wenn Sie nicht nur sich selbst verändern wollen, sondern auch andere überzeugen, oder wenn Sie den Weg der Veränderung nicht allein gehen wollen, im Sinne des afrikanischen Sprichworts „Wenn du schnell gehen willst, geh alleine. Wenn du weit kommen willst, geh gemeinsam", dann schauen Sie sich in Ihrer Umgebung um. Wer ist vielleicht schon aktiv und freut sich über Zuspruch oder Unterstützung? Wen könnten Sie gewinnen, der vielleicht nur noch einen kleinen Anstoß braucht? Wer kann Sie in Ihren Bemühungen unterstützen, klimaschädliche Gewohnheiten abzulegen? Laden Sie Ihre Freunde auf ein vegetarisches oder veganes Essen, zu einem Bummel über den Bio-Wochenmarkt oder zu einer spannenden Veranstaltung zum Klimawandel ein. Liefern Sie einen Fahrplan und Fahrscheine für den öffentlichen Verkehr gleich mit. Bieten Sie aktiv Ihre Bohrmaschine, Ihren Rasenmäher, Ihr Auto Freunden und Nachbarn zur Mitverwendung an. Verschenken Sie zu Weihnachten und zu Geburtstagen Fahrkarten für den öffentlichen Verkehr oder Gutscheine für die Bahn. Eine Studentin hat aus Streifen von Plastiksackerln haltbarere Tragetaschen für die Bewohner ihres Miethauses gestrickt und so nicht nur Umweltbewusstsein geschaffen und den Plastikmüll reduziert, sondern auch die Akzeptanz für ihre bis dahin mit Argwohn beäugte Wohngemeinschaft erreicht; Austausch von Kuchen und Obst folgten.

Es gibt viele Ebenen, auf denen man agieren kann. Die persönliche, in der Familie, im Verein, in der Partei, im Beruf, in der Gemeinde, im Land, im Staat, auf EU-Ebene bis hin zur internationalen Ebene. Am wirksamsten wird man, wenn man einen selbstverstärkenden Prozess in Gang setzen kann. Ein Beispiel: Eine Lehrerin ermutigt ihre Schüler, mit dem Fahrrad zur Schule zu fahren, etliche tun das. Daraufhin lässt der Direktor einen Radständer aufstellen; andere Schüler aus anderen Klassen folgen dem Beispiel. Auf Druck der Eltern baut die Gemeinde zur Erhöhung der Sicherheit nun einen Radweg zur Schule. Damit dürfen weitere Schüler mit dem Rad fahren, und deren Eltern steigen auch aufs Rad um, weil sie die Kinder nicht mehr zur Schule karren müssen. Das veranlasst die Gemeinde, weitere fahrradfreundliche Maßnahmen zu ergreifen, und so erhöht sich der Radanteil weiter. Der Pkw-Verkehr geht zurück. Jetzt gehen auch mehr Leute zu Fuß. Man hat wieder mehr Kontakt, weil Zeit ist und Gelegenheit, ein paar Worte unterwegs zu wechseln. Jetzt kann man sich auch leichter aushelfen – Geräte teilen, Mitfahrgelegenheiten anbieten usw. Eine kleine Aktion einer Einzelperson hat eine Lawine an Veränderung ausgelöst.

Ich alleine kann die Welt nicht retten!
Aufgaben der Politik

Die bisherigen Ausführungen betrafen das Handeln Einzelner. Das ist sehr wichtig, aber natürlich nicht genug. Eine vollständige Individualisierung der Verantwortung wäre erstens ungerecht und zweitens zum Scheitern verurteilt. Die Politik und die Wirtschaft dürfen nicht aus ihrer Verantwortung für den Klimaschutz entlassen werden. Aber die Hoffnung, dass die notwendigen Änderungen von der Politik oder von der Wirtschaft ausgehen, sind begrenzt. Selbst Papst Franziskus ruft in seiner Enzyklika „Laudato Si" den und die Einzelne auf, zu handeln, weil auch er meint, die Politik und die Wirtschaft müssten zu den notwendigen Änderungen gedrängt werden. Das bedeutet, dass es nicht nur um die Reduktion der eigenen Treibhausgasemissionen geht, sondern auch darum, sich in die Politik einzubringen.

Idealerweise würden Politik und Wirtschaft Rahmenbedingungen schaffen, die klimafreundliches Handeln leichter und billiger machen als klimaschädliches. Dann würde klimafreundliches Handeln zur Regel. Also müsste zum Beispiel Bahnfahren kostengünstiger als Autofahren oder Fliegen sein, Biolebensmittel aus der Region billiger sein als Importware aus Übersee, die Genehmigung für eine Solaranlage unkomplizierter zu erlangen sein als die für eine Gasheizung, die günstigste Bahnverbindung leichter eruierbar als die billigste Flugverbindung usw.

Voraussetzungen dafür wären unter anderem eine ökologische Steuerreform, die Ressourcenverbrauch statt Arbeit, den Treibstoffverbrauch mehr als den Autobesitz besteuert, Energieeffizienz und erneuerbare Energien statt fossiler Energieträger und Gebäudesanierung statt Neubauten fördert und die Pendeln nur bis zum nächsten öffentlichen Verkehrsmittel subventioniert. Gleichzeitig müsste der öffentliche Verkehr statt des Autobahnnetzes ausgebaut werden, die Steuerbefreiung für Werbeausgaben aufgehoben und die Medienförderung an die Einhaltung ethischer Grundsätze gebunden werden. Kredite dürften nur für produktive Zwecke, nicht für Spekulationen zugelassen werden. Experimente zum Testen anderer Wirtschafts- und Finanzsysteme sollten gefördert, nicht behindert werden. Bedingungsloses Grundeinkommen für alle, mehr direkte Demokratie, Möglichkeiten erhöhter Transparenz hinsichtlich Vermögen und Einkommen müssten im Sinne einer Meinungsbildung breit diskutiert werden. Die Liste ließe sich fortsetzen, wobei insbesondere auch Aspekte des Arbeitsbegriffs, des Eigentums und der Bildung zu berücksichtigen wären. Es gibt also sehr vieles, für das die Wirtschaft, Verwaltung und Politik verantwortlich sind.

Insgesamt läuft das auch auf Änderungen im Wirtschafts- und Finanzsystems hinaus, wie sie in Kapitel 8 besprochen wurden. Dass die Widerstände dagegen groß sind, kann man an der „Wasch-mir-den-Pelz-aber-mach-mich-nicht-nass"-Klimapolitik der letzten 20 Jahre ablesen. Ansätze zur Veränderung finden sich jedoch in den Aktivitäten der in Kapitel 10 beschriebenen Pioniere – und damit landen wir wieder bei den Einzelnen und bei kleinen, überschaubaren Gemeinschaften.

Selbst wieder Verantwortung zu übernehmen, die Wirklichkeit durch Taten verändern, selber die Initiative ergreifen – nicht auf andere warten, den Mut haben, aus der Reihe zu tanzen und Tabus zu brechen, nicht im Trend zu liegen, sondern ihn setzen, Entscheidungsträger fordern, Spaß haben am Widerstand und – ganz wichtig – die Demokratie wieder zurückgewinnen! Ist doch nicht so schwer, oder? Keiner von uns muss allein die Welt retten, es genügt, den eigenen Handlungsspielraum zu nutzen – dann fällt der Brief an das Enkerl leicht!

Wenn Sie es nicht für die Welt und das Enkerl tun, *dann tun Sie es doch für sich selbst!*

Nachgewiesenermaßen haben Menschen vieler Kulturen den gleichen Satz an Werten beziehungsweise Zielen, die sie motivieren, sich für etwas zu interessieren und die ihre Entscheidungen beeinflussen – viel stärker als den meisten bewusst ist. Im Wesentlichen handelt es sich um die im Folgenden angegebenen und beschriebenen Werte und Ziele.

UNIVERSELLE WERTE, DIE MENSCHEN QUER DURCH DIE KULTUREN AUFWEISEN

Intrinsische Werte und Ziele
(tragen die Befriedigung des Tuns in sich)

+ Gemeinschaftsgefühl: die Welt durch Handlungen oder etwas Kreatives oder sozial Produktives verbessern

+ Zugehörigkeit: befriedigende Beziehungen mit Familie und Freunden haben

+ Selbstakzeptanz: sich kompetent und selbstständig fühlen

Extrinsische Werte und Ziele
(erwarten bestimmte Reaktionen von anderen)

+ Finanzieller Erfolg: wohlhabend und materiell erfolgreich sein

+ Popularität: berühmt, bekannt und bewundert sein

+ Bild: körperlich und von der Kleidung her attraktiv aussehen

Auf das physische Selbst bezogene Werte und Ziele

+ Hedonismus: viel sinnliches Vergnügen erleben

+ Physische Gesundheit: sich gesund und frei von Krankheit fühlen

+ Sicherheit: körperliche Integrität und Sicherheit gewährleisten

Selbsttranszendente Werte und Ziele
(geistige und spirituelle Werte)

+ Spiritualität: nach spirituellem oder religiösem Verständnis streben

+ Konformität: zu anderen Leuten passen

Manche dieser Werte und Ziele widersprechen einander, wie zum Beispiel jene, die für den Zusammenhalt in der Familie, im Clan wichtig sind, mit jenen, die sich eher an Außenstehende richten. Je nach Situation sind andere Werte relevant. Wichtig für das Handeln im Regelfall ist aber, welche tendenziell überwiegen. Bei Vorherrschen sogenannter extrinsischer

Werte und Ziele wie Popularität oder finanzieller Erfolg werden eher Entscheidungen zum eigenen Vorteil getroffen; überwiegen intrinsische Werte wie Gemeinschaftssinn oder Zugehörigkeit, neigen die Menschen zu Entscheidungen zum Wohle der Gemeinschaft, selbst wenn sie selbst zunächst nicht davon profitieren. Klimaschutz, Artenschutz, Einhaltung der Menschenrechte: Sie alle erfordern den Vorrang der Gemeinschaft vor dem unmittelbaren Gewinn für den Einzelnen.

Wie können die intrinsischen Werte gestärkt werden? Das ist zunächst eine Frage der Erziehung; Kinder, die in Geborgenheit und Liebe aufwachsen, besitzen diese Werte in hohem Maße. Die moderne Gehirnforschung hat aufgezeigt, dass das menschliche Gehirn bei der Geburt ein außerordentlich breites Spektrum an Entwicklungspotenzialen hat. Der Mensch ist nicht grundsätzlich gierig und maßlos und auf Wettbewerb ausgerichtet. Erst die vorherrschende Kultur, die geprägt wurde von einem auf Wachstum und freien Markt orientierten Wirtschaftssystem, das den Einzelnen ermutigt, seinen eigenen Profit zu maximieren, verformt den Menschen zum Egoisten. Auch Werbung und Medien, die ständig den Einzelnen – schöner, reicher und mächtiger – in den Vordergrund stellen, betonen die extrinsischen Werte und Ziele. Die 100 reichsten Menschen, die 50 besten Unternehmer, die 20 wichtigsten Politiker, die erfolgreichsten Sportler: Sie dominieren die Medien. Die erfolgreichsten Absolventen einer Universität: Politiker und Unternehmer. Kaum Künstler, fast keine Frauen, jedenfalls nicht die guten Mütter, die aufopferungsvollen Söhne, die Mitglieder der Freiwilligen Feuerwehr, die Helfer bei der karitativen Ausspeisung.

Ganz wesentlich ist auch das soziale Umfeld: Hält dieses intrinsische Werte und Ziele hoch, stärkt das auch den Einzelnen darin. Suchen Sie sich ein Umfeld und Freunde, denen intrinsische Werte wichtig sind. Ein weiterer wichtiger Faktor ist die Angst: Menschen, die sich unsicher fühlen, neigen dazu, extrinsischen Werten und Zielen mehr Gewicht zu geben. Wenn intrinsische Werte und Ziele vom Umfeld gelebt werden, dann nimmt dies auch Angst. Man kann intrinsische Werte stärken, indem man sie anspricht und vorlebt. Je öfter dies geschieht, desto mehr Bedeutung gewinnen sie.

Zeigen Sie Mitgefühl, verweigern Sie den Wettkampf und setzen sie auf Kooperation. Erzählen Sie von Mutter Teresa, von dem hilfsbereiten Nachbarn nebenan und von der Großzügigkeit ihrer kleinen Nichte. Sprechen Sie die intrinsischen Werte ausdrücklich an.

Manche Menschen gehen noch viel weiter. Aus der Überzeugung, dass man die Welt verändert, wenn man sich selbst verändert, propagiert und lebt etwa Nipon Metha eine „Geschenkökonomie". In normale Berufskategorien lässt er sich nicht einordnen – Firmengründer, Aktivist, Redner? Er hat inzwischen ein großes Netzwerk von Menschen aufgebaut, die zum Beispiel für den Nächsten in der Schlange die Kinokarte bezahlen oder für jemand anderen im Restaurant die Rechnung begleichen. Vorauszahlen nennen sie das. Die Praxis lehrt, dass in der Regel die so Beschenkten ähnlich handeln werden. Dies ändert zwar nichts daran, dass letztlich alles bezahlt wird, aber das Denken und die Haltung der Betroffenen ändern sich. Die Grundannahme des neoliberalen Wirtschaftssystems, dass Menschen eigennützig ihren Profit maximieren wollen, wird durch die rasche und weltweite Verbreitung dieser Idee ad absurdum geführt.

Das Erfreuliche ist, dass Menschen, bei denen intrinsische Werte und Ziele überwiegen, in der Regel auch glücklicher sind. Indem die Gesellschaft sich für intrinsische Werte und Ziele einsetzt, macht sie die Menschen nicht nur aufgeschlossener für Maßnahmen zum Schutz des Klimas, sondern die Veränderung ist auch für die Einzelnen ein spürbarer Gewinn.

Was bleibt im Kern?

Es gibt keinen Zweifel mehr, dass der Klimawandel real ist und seine Ursachen bekämpft werden müssen, weil die Folgen eines ungebremsten Klimawandels für alle katastrophal sein werden. Zu globalen Zielen hinsichtlich der Minderung von Treibhausgasemissionen hat sich die Staatengemeinschaft bekannt, die Umsetzung lässt allerdings noch sehr zu wünschen übrig. Österreich ist da keine Ausnahme – im Gegenteil, unter den europäischen Staaten zählen wir zu den Bremsern.

Klimawandel ist zwar das drängendste, aber nicht das einzige Problem, das gelöst werden muss; im Gegenteil, der Klimawandel ist eigentlich nur Symptom eines tiefer sitzenden Übels. Die Übernutzung der natürlichen Ressourcen der Erde, bedingt durch eine rasant wachsende Weltbevölkerung, und ein inzwischen global gewordenes Wirtschafts- und Finanzsystem, die den Ressourcenverbrauch systemisch anheizen, sind nicht nur Ursache für den Klimawandel, sondern auch für den Biodiversitätsverlust, die Versauerung der Ozeane und vieles mehr. Aber trotz maßloser Ausbeutung des Planeten und seiner natürlichen Ressourcen ist es nicht gelungen, allen Menschen ein gutes Leben zu verschaffen. Dies ist nicht eine Frage von zu wenig Zeit, denn die Schere zwischen Arm und Reich – bei Menschen und Staaten – geht immer weiter auf.

Das Ziel, ein gutes Leben für alle innerhalb der ökologischen Grenzen zu erreichen, ist international in den Nachhaltigen Entwicklungszielen der UNO akkordiert. Einzelne Menschen, Organisationen, Firmen und Gemeinden weltweit und in Österreich zeigen vor, dass auch unter den derzeitigen Bedingungen viel zum Besseren gewendet werden kann. Praxis und ökonomische Theorie zeigen auch, dass andere Systeme möglich sind; die Spielregeln der Wirtschaft und des Finanzwesens zu ändern liegt an uns Menschen. Vorschläge für zielführende Systemänderungen liegen vor – sie müssen sich aber erst gegen starke Interessen durchsetzen.

Ermutigend ist, dass vieles, das aus Klimaschutzgründen notwendig ist, auch zu besseren Lebensbedingungen führt, zum Beispiel bei der Ernährung, bei der Gesundheit oder der Mobilität. Klimaschutz betreiben wir also nicht nur aus Verantwortungsgefühl unseren Enkeln gegenüber, wir profitieren auch selbst davon. Es ist auch belegt, dass Menschen, die sogenannte intrinsische Werte in den Vordergrund stellen, persönlich glücklicher sind. Vieles kann man selbst tun, ohne auf staatliche Maßnahmen oder auf andere Menschen angewiesen zu sein. Manches wird erst gelingen, wenn auch der Staat und die internationale Staatengemeinschaft ihre Aufgaben erfüllen. Gerade in Demokratien sind Politiker jedoch auf das Verständnis und die Akzeptanz der breiten Bevölkerung angewiesen, um langfristige und weitreichende Maßnahmen umsetzen zu können. Auch dafür lohnt es sich, zu kämpfen, denn es steht viel, wenn nicht sogar alles auf dem Spiel.

Danksagung

Der Initiative der Styria Buchverlage ist zu verdanken, dass dieses Buch zustande gekommen ist. Unserem Stop-and-Go-Arbeitsstil hat sich Frau Elisabeth Wagner als Lektorin mit erstaunlicher Langmut und Freundlichkeit angepasst.

Unterstützung erhielten wir von zahlreichen Kolleginnen und Kollegen sowie Forschungseinrichtungen, die uns ihr Datenmaterial oder ihre Abbildungen für dieses Buch zur Verfügung stellten.

Sehr wertvolle Anregungen zu Inhalt und Gliederung lieferte Laura Morawetz, vom Zentrum für Globalen Wandel und Nachhaltigkeit der Universität für Bodenkultur, die auch unsere erste Leserin war.

Markus Anys, Praktikant am Institut für Meteorologie der Universität für Bodenkultur, sammelte das notwendige Zahlenmaterial und erstellte die ersten Entwürfe für die Abbildungen.

Ihnen allen gilt unser aufrichtiger Dank.

Unseren Familien danken wir für das große Verständnis, das sie unserem Tun insgesamt entgegenbringen – die Arbeit an dem Buch war ein zusätzlicher Zeitfresser. Wir wissen, dass Toleranz und Ermutigung nicht selbstverständlich sind.

Anmerkungen

1. Der besseren Lesbarkeit willen wird in diesem Buch das generische Masku-
linum verwendet, das selbstverständlich für beide Geschlechter gilt.

2. Basierend auf: http://www.zamg.ac.at/histalp. Österreichischer Sachstandsbericht Klimawandel 2014 (AAR14). Austrian Panel on Climate Change (APCC).
Wien: Verlag der Österreichischen Akademie der Wissenschaften

3. Datenquelle: ZAMG http://www.phenowatch.at/

4. Datenquelle: ZAMG; Tagesdaten der Station Wien Hohe Warte

5. Datenquelle: NOAA National Centers for Environmental Information (NCEI),
Climate at a Glance: Global Time Series, published August 2018, retrieved on
September 4, 2018 from
https://www.ncdc.noaa.gov/cag/global/time-series/globe/land_ocean/
ytd/12/1880-2018

6. Datenquelle: ZAMG; Tagesdaten der Station Wien Hohe Warte

7. Datenquelle: UNEP (2017). The Emissions Gap Report 2017. United Nations
Environment Programme (UNEP), Nairobi
https://wedocs.unep.org/bitstream/handle/20.500.11822/22070/EGR_2017.
pdf?isAllowed=y&sequence=1 (letzter Zugriff: 2018.09.20)

8. Datenquelle: Umweltbundesamt (2017a): Krutzler T., Zechmeister A., Stranner
G., Wiesenberger H., Gallauner T., Gössl M., Heller C., Heinfellner H., Ibesich N.,
Lichtblau G., Schieder W., Schindler J. S., Storch A. und Winter R.: Energie- und
Treibhausgas-Szenarien im Hinblick auf 2030 und 2050. Synthesebericht 2017.
Wien
http://www.umweltbundesamt.at/fileadmin/site/publikationen/REP0658.pdf

9. Datenquelle: Statistik Austria (2017a): Energiebilanzen 1970–2016. Wien.
Statistik Austria (2017b): Volkswirtschaftliche Gesamtrechnungen 1995–2016.
Hauptergebnisse. Wien. Umweltbundesamt (2017b): Zechmeister A., Anderl M.,
Gössl M., Haider S., Kampel E., Krutzler T., Lampert C., Moosmann L., Pazdernik
K., Purzner M., Poupa S., Schieder W., Schmid C., Stranner G., Storch A.,
Wiesenberger H., Weiss P., Wieser M. und Zethner G.: GHG Projections and
Assessment of Policies and Measures in Austria. Reports. Bd. REP-0610.
Umweltbundesamt, Wien.
http://www.umweltbundesamt.at/fileadmin/site/publikationen/REP0660.pdf

10. Darstellung modifizier nach: Meyer L. und Steininger K. (2017): Das Treibhaus-gas-Budget für Österreich. In: Wissenschaftlicher Bericht Nr. 72-2017. Graz Datenquelle: The World Bank Group (2018), online am 4. September 2018: https://data.worldbank.org/indicator/EN.ATM.CO2E.PC?locations=AT&name_desc=true

11. Datenquelle: Daniela Kletzan-Slamanig, Angela Köppl (2016): Subventionen und Steuern mit Umweltrelevanz in den Bereichen Energie und Verkehr. Österreichisches Institut für Wirtschaftsforschung im Auftrag des Klima- und Energiefonds. Februar 2016 https://www.wifo.ac.at/jart/prj3/wifo/resources/person_dokument/person_dokument.jart?publikationsid=58641&mime_type=application/pdf

12. Datenquelle: UN Ziele für nachhaltige Entwicklung https://www.unric.org/de/wirtschaftliche-und-soziale-entwicklung/27848

13. Datenquelle: Max Roser and Esteban Ortiz-Ospina (2018): "World Population Growth". Published online at OurWorldInData.org. Retrieved from: ‚https://ourworldindata.org/world-population-growth'

14. Darstellung modifiziert nach: Raworth, Kate (2017): Doughnut Economics. Seven Ways to Think like a 21st-Century Economist. London: Penguin Random House

15. Abbildung mit freundlicher Genehmigung von Nico Paech www.postwachstumsoekonomie.org

16. Datenquelle: Klima- und Energiefonds (2017): „91 Klima- und Energie-Modell-regionen (KEM) in 772 Gemeinden setzen Klimaschutzprojekte um." https://www.klimaundenergiemodellregionen.at/ und e5 Programm: https://www.e5-gemeinden.at/

17. Darstellung auf Basis der Zahlen in: C. Drexel (2018): Zwei Grad. Eine Tonne. Wie wir das Klimaziel erreichen und damit die Welt verändern. Allensbach: Laible Verlagsprojekte

Stand aller Onlinequellen: September 2018

STYRIA
BUCHVERLAGE

© 2018 by Molden Verlag
in der Verlagsgruppe Styria GmbH & Co KG
Wien – Graz
Alle Rechte vorbehalten.
ISBN 978-3-222-15022-7

Bücher aus der Verlagsgruppe Styria gibt es
in jeder Buchhandlung und im Online-Shop
www.styriabooks.at

Covergestaltung: Emanuel Mauthe
Coverabbildung: iStock/gettyimages/Explora_2005
Buchgestaltung und Satz: KettnerVogl – GrafikDesign
Lektorat: Elisabeth Wagner

Druck und Bindung: Christian Theiss GmbH
St. Stefan i. Lavanttal
Printed in Austria
7 6 5 4 3 2